CALENDRIER RÉPUBLICAIN.

Pour ne rien omettre de relatif au calendrier, on donne ici celui dont on s'est servi en France pendant les 14 ans que la république a subsisté. Il porte, à cause de cela, le nom de calendrier républicain.

L'an 1er a commencé le 22 septembre 1792 et a fini le 21 septembre 1793. L'an 14, ou le dernier, a commencé le 23 septembre 1805 et s'est terminé le 22 septembre 1806.

Dans ce calendrier, on avait substitué aux noms des saints, des noms de plantes, d'animaux et d'instruments d'agriculture. Auprès de chaque jour de l'année, on avait placé la plante que l'on semait ou que l'on récoltait dans la saison où se trouvait ce jour. Chaque quintidi était désigné par un nom d'animal, et chaque décadi par un instrument rural.

Le sénatus-consulte qui supprime le calendrier républicain est daté du 21 fructidor an 13, et porte que le calendrier grégorien sera remis en usage le 11 nivôse de l'an 14, qui correspondait au premier janvier 1806.

Ces années commençaient à l'équinoxe d'automne, et par conséquent le 21, 22 ou 23 septembre. Chaque mois avait 30 jours et se divisait en trois décades dont les noms des jours étaient : primidi, duodi, tridi, quartidi, quintidi, sextidi, septidi, octidi, nonidi et décadi. Aux 12 mois, on ajoutait 5 ou 6 jours, suivant que le calcul astronomique indiquait pour l'année 365 ou 366 jours.

Voici ce Calendrier, dans lequel le premier mois, appelé vendémiaire, répondait à septembre et à octobre; le second mois, brumaire, à octobre et à novembre; le troisième, frimaire, à novembre et à décembre; le quatrième, nivose, à décembre et à janvier; le cinquième, pluviose, à janvier et à février; le sixième, ventose, à février et à mars; le septième, germinal, à mars et à avril; le huitième, floréal, à avril et à mai; le neuvième, prairial, à mai et à juin; le dixième, messidor, à juin et à juillet; le onzième, thermidor, à juillet et à août; et le douzième, fructidor, à août et à septembre.

S'il pleut le jour de Saint-Médard,
Le tiers des biens est au hasard.

A moins que la Saint-Barnabé (11 juin)
Ne vienne lui couper le pied.

A la Saint-Barnabé, apôtre, tous les biens sont les nôtres,
A moins que la Saint-Cyr ne nous les ôte.

La pluie du jour de Saint-Séverien
Donne de belles avoines et du chétif foin.

Eau de Saint-Jean (24 juin) ôte le vin,
Et ne donne point de pain.

De Saint-Jean la pluie
Fait noisette pourrie.

Année en foin fertile,
Année, hélas! stérile.

A la Saint-Sacrement l'épi est au froment.

Fèves fleuries, temps de folies.

Saint-Pierre et Saint-Paul (29) pluvieux, pour 30 jours dangereux.

A la Saint-Barnabé, sont les plus longs jours de l'été.

S'il pleut le jour de Saint-Gervais (19), il pleut 40 jours après.
S'il pleut la veille de Saint-Pierre (28), la vinée est réduite au tiers.

Nom du sixième mois de l'année, c'est le dernier du printemps, celui pendant lequel le laboureur donne la seconde façon à ses jachères, fauche ses prés, arrache ses lins, veille sur ses blés qui commencent à pencher leur tête, ses navettes d'hiver, ses raves.

Au commencement de ce mois,

DE LA RÉCEPTION

DU

MATÉRIEL DES CHEMINS DE FER

ET DES

APPAREILS MÉCANIQUES EN GÉNÉRAL.

PARIS. — IMPRIMÉ PAR E. THUNOT ET Cie,
Successeurs de Fain et Thunot, rue Racine, 26, près de l'Odéon.

DE LA RÉCEPTION

DU

MATÉRIEL DES CHEMINS DE FER

ET DES

APPAREILS MÉCANIQUES EN GÉNÉRAL.

Par M. A.-C. BENOIT-DUPORTAIL,

Ingénieur civil,

Inspecteur chargé de la réception du matériel au chemin de fer du Nord.

PARIS

A LA LIBRAIRIE ENCYCLOPÉDIQUE DE RORET,

RUE HAUTEFEUILLE, 12.

— 5 —

DE LA RÉCEPTION

DU

MATÉRIEL DES CHEMINS DE FER

ET DES

APPAREILS MÉCANIQUES EN GÉNÉRAL.

(Extrait du *Technologiste*) (1).

Les réceptions en général ont pour but d'assurer : 1° la bonne exécution des travaux ; 2° leur conformité avec les commandes et le règlement des comptes et factures conformément aux livraisons.

CHAPITRE PREMIER.

DE LA BONNE EXÉCUTION DES TRAVAUX.

C'est de la bonne exécution des travaux que dépend leur durée et le prix de leur entretien : il est donc très-important de l'assurer par tous les moyens possibles. Aussi ce service se fait il avec le plus grand soin dans les chemins de fer.

§ 1. — Avant de donner des travaux à un constructeur avec lequel la Compagnie n'a pas encore eu de relations, le chef de la division du matériel envoie chez lui un inspecteur pour reconnaître ses moyens d'exécution, l'importance de son atelier, le nombre de ses ouvriers, le nombre et l'espèce de ses machines, son mode de fabrication, c'est-à-dire le plus ou moins de perfection des pièces de même espèce qu'il peut avoir exécutées, et enfin la nature des matières qu'il emploie. Lorsqu'il a déjà fait des affaires avec la Compagnie on consulte les renseignements que l'on a recueillis sur l'emploi de ses produits.

L'administration fait connaître exactement et avec le plus grand détail aux divers concurrents qui présentent des garanties suffisantes les conditions dans lesquelles on veut que les travaux soient exécutés. La commande est donnée à celui d'entre eux qui fait les propositions les plus avantageuses.

Il est important de remarquer qu'il ne faut pas se laisser séduire par des rabais trop considérables : il ne faut certainement pas payer des prix trop élevés ; mais les prix trop bas sont généralement aussi désavantageux à l'acheteur qu'aux fabricants, ceux-ci se trouvent souvent hors d'état de faire face à leurs engagements si on ne leur fait pas de concessions, il en résulte des retards, des lenteurs dans les livraisons et de plus, quelque sévérité que l'on puisse déployer, les fournitures laissent toujours à désirer. On trouvera à la fin de cet ouvrage une série des prix actuels des principaux objets.

§ 2. — Outre le bon de commande conforme au modèle ci-joint, page 2,

(1) Journal mensuel. Paris, 1851. Roret, éditeur, rue Hautefeuille, 12.

CHEMIN DE FER
d

No

DIVISION
du matériel.

SOUCHE DU BON DE COMMANDE.

N° du Bulletin de demande.

M.

Quantités demandées.	DÉSIGNATION DES OBJETS.	LIVRAISONS.			
		Dates.	Quantités.	Poids.	Valeur.

Le 18

L'Ingénieur chef du matériel

CHEMIN DE FER

CHEMIN DE FER
d

No

DIVISION
du matériel.

BON DE COMMANDE.

M.

Veuillez livrer à

les articles suivants, en renvoyant le bon et une facture en double expédition.

Quantités.	DÉSIGNATION DES OBJETS.	Poids.	Prix.

Les numéros d'ordre des pièces doivent être poinçonnés sur chacune d'elles.
Rendre les modèles et spécimens à la première livraison.
La livraison entière sera refusée quand un dixième des pièces sera défectueux.

Le 18

L'Ingénieur chef du matériel

dont on garde la souche, on remet à l'entrepreneur :

1° Des plans détaillés calqués sur ceux qui servent dans les ateliers de la Compagnie à l'exécution des objets de même espèce, cotés et collationnés avec le plus grand soin, ou même des types ou spécimens (1) fabriqués d'après ces plans et en tout semblables aux pièces que l'on veut obtenir.

2° Un cahier des charges, indiquant d'une manière très-circonstanciée pour les travaux importants le mode d'exécution, les délais de livraison et de garantie, le mode de payement, les pénalités et dont l'administration conserve une expédition signée par les soumissionnaires.

3° Des calibres ou gabarits pour vérifier l'exactitude de l'exécution dans les parties les plus importantes, et des modèles, avec leurs boîtes à noyau, et leurs planches à trousser pour fondre les pièces en fonte ou en bronze, et même des surmoulés en métal qui ne sont pas susceptibles de se déformer et de s'altérer, lorsque le nombre de ces pièces doit être un peu considérable.

Pour les parties taraudées ou filetées on remet même des mères pour les tarauds et les filières, ou des peignes conformes aux types adoptés par l'administration.

Ces précautions sont indispensables pour que le matériel soit uniforme, c'est-à-dire pour que les pièces soient identiques dans quelque atelier qu'elles aient été construites, et puissent se substituer l'une à l'autre sans aucun travail d'ajustement, ce qui est d'une très-grande importance pour l'entretien et les réparations. Les rapports entre les différentes parties du service en deviennent beaucoup plus simples et les gens les moins intelligents peuvent facilement se faire comprendre. Il est important d'y tenir la main même pour les moindres détails, comme pour les rondelles, les vis, les clous, les goupilles, etc.

Pour les pièces en fer, c'est le constructeur qui doit faire lui-même les étampes et les mandrins dont la forme extérieure varie suivant la nature de l'outillage des divers ateliers et suivant les habitudes des forgerons qui s'en servent ; mais il faut exiger qu'ils les soumettent à la vérification et à l'approbation des agents chargés de la réception pour être sûr de l'exactitude des pièces à l'exécution desquelles ces mandrins doivent servir.

Les modèles, gabarits, spécimens, etc., ne sont que prêtés aux constructeurs. Il faut donc avoir un magasin spécial pour les recevoir, et un employé unique chargé d'en tenir la comptabilité, de les remettre aux constructeurs, soit exclusivement sur les ordres émanés du bureau central, soit sur la demande des divers chefs de service ou des inspecteurs chargés de la réception. Quand on n'établit pas ce magasin en organisant le service de la réception, il se crée naturellement par la force des choses, et devient la propriété exclusive du chef de service qui en sent le premier la nécessité et qui l'établit afin d'éviter des pertes très-coûteuses et sans cesse renouvelées.

§ 3. — Dans tous les marchés et commandes, il est formellement stipulé que les ateliers des constructeurs seront toujours ouverts aux agents de la compagnie, pour s'assurer de la qualité des matières et de la bonne exécution des travaux, et que ces agents pourront faire, aux frais desdits constructeurs, les essais qui leur paraîtront nécessaires.

On envoie, dans les usines qui ont à exécuter des travaux d'une grande importance, des agents qui y restent d'une manière permanente pour suivre la fabrication dans toutes ses phases ; on se contente de faire, à des intervalles plus ou moins rapprochés, des visites dans les usines qui ont à exécuter des travaux moins considérables.

La présence, soit permanente, soit accidentelle, des agents de l'administration, a pour but, non-seulement de surveiller le constructeur, mais encore de lui faciliter le travail en lui procurant tous les renseignements dont il peut avoir besoin. Ils ont aussi pour mission de tenir la compagnie au courant de l'avancement des commandes et font, sur ces divers sujets, des rapports sur le modèle ci-joint, page 4.

(1) Ces types ou spécimens ne doivent être donnés que comme renseignements pour faciliter l'intelligence des dessins de pièces compliquées seulement ; mais il ne faut jamais les donner en remplacement des dessins eux-mêmes, sur lesquels la volonté du demandeur est *écrite* d'une manière incontestable, tandis que les spécimens présentent nécessairement des défauts d'exécution qu'il est impossible d'éviter et qui tromperaient les constructeurs ; et, d'ailleurs, ils ne servent, dans tous les cas, que pour refaire les plans ; le dessin est la langue de l'industrie. Enfin le poli, le fini qu'on donne aux types peut effayer les constructeurs et les engager à demander des prix élevés.

CHEMIN DE FER
d

DIVISION
du matériel.

RAPPORT

SUR

L'ÉTAT D'AVANCEMENT DES TRAVAUX EN CONSTRUCTION.

Nom du fournisseur

Demeure id.

Désignation de la commande

Sommaire. — Mode et moyens d'exécution. — Provenance des matières. — Essais faits. — État d'avancement ; date probable d'achèvement. — Causes de retard. — Renseignements divers.

l

L'Ingénieur, inspecteur du matériel,

Lorsqu'une commande vient à être modifiée en cours d'exécution, l'inspecteur chargé de la surveiller, doit immédiatement faire suspendre la fabrication, dresser un inventaire de toutes les pièces indiquant le degré d'avancement de chacune, celles qui resteront sans emploi, celles qui peuvent être modifiées et les dépenses nécessaires pour faire les modifications et la rectification des modèles des pièces en bronze et en fonte.

Les notes recueillies par les divers agents dans le cours de l'exécution des travaux ne servent que comme renseignements. Les acceptations et les refus ne sont prononcés que plus tard par les chefs des services auxquels ces objets sont destinés, ou par un inspecteur principal de la réception. Ce dernier mode est le meilleur, il permet de simplifier les rapports avec les constructeurs, de donner plus d'unité au matériel, mais c'est le plus difficile à organiser et il donne souvent lieu à des tiraillements entre l'inspecteur chargé de la réception et les autres chefs de service. Lorsque les réceptions se font par les chefs de service, il faut encore, pour qu'il n'y ait pas de confusion, qu'elles soient centralisées au bureau du matériel pour assurer le bon règlement des comptes.

§ 4. Réception des matières.

La première chose à faire, lorsqu'une commande reçoit un commencement d'exécution, est de constater la qualité des matières.

La provenance seule suffit pour faire prohiber l'emploi de certaines matières, soit à cause de leur nature même, soit à cause des traitements qu'on leur fait subir et qui les rendent impropres aux usages qu'on se propose ; aussi, l'on rejette absolument les fers sulfureux ou phosphoreux, ceux affinés à la houille pour les essieux, les bandages, les tiges de piston et en général pour toutes les pièces importantes ; on rejette dans les mêmes cas les fers laminés, et l'on impose les fers au bois et martelés. Pour s'en assurer d'une manière bien précise, il faut exiger des constructeurs la présentation des factures des matières qu'ils doivent employer.

Lorsqu'il n'y a pas, dans la provenance seule, une cause de refus, on procède à un examen et à des essais qui dépendent de la nature des objets et l'on prend des échantillons que l'on garde avec le plus grand soin, après les avoir fait poinçonner par les constructeurs eux-mêmes, afin de s'en servir comme pièce de conviction dans le cas où la qualité des matières fournies serait l'objet de contestations.

1° Bois (1). — On examine si les pièces qui doivent être employées sont bien de l'essence ou espèce indiquée, ou en cas d'impossibilité absolue de la fournir, si l'essence proposée est au moins équivalente à celle demandée.

Quelle que soit, du reste, l'essence que l'on emploie, on doit rebuter les morceaux qui présentent des fentes provenant de gerçures ou de roulures, ou des parties torses, ou des parties pourries ou d'autres défauts. L'aubier se pourrit très-rapidement et le bois œuvré doit toujours en être exempt, ainsi que de nœuds graves.

2° Fer. — Les épreuves que l'on fait subir au fer consistent à le souder, à l'ouvrir, à l'étirer à chaud, à le plier à chaud ou à froid, à le couper, à le casser et à lui faire subir des efforts de traction à froid.

Épreuves à chaud. La désignation seule de ces épreuves indique les points sur lesquels l'attention doit se porter : Il faut que les soudures se fassent bien, que les yeux se percent sans criques, et que les barres se plient et s'étirent sans se criquer et sans devenir pailleuses.

Épreuves à froid. On examine si les barres présentent des manques de soudure ou pailles, et des cassures ou criques, si la cassure présente de larges facettes ou un grain serré, ou si elle a un aspect brillant ou terne et cendreux ; si elle se fait transversalement, ou s'il y a des parties arrachées longitudinalement. Il est assez facile de reconnaître au son si le fer est bien ou mal soudé, s'il est ou s'il n'est pas

(1) Le bois étant très-altérable de sa nature doit être l'objet de soins tout particuliers : il ne faut jamais le déposer sur le sol, ni le laisser exposé au soleil et à la pluie ; on doit, dès qu'il arrive sur un chantier, le placer sur des cales élevées au moins de $0^m,20$ et le ranger par assises horizontales croisées, de manière que les pièces se touchent le moins possible, pour permettre à l'air de circuler et éviter l'échauffement et la pourriture qui résultent toujours du contact des pièces de bois. Il faut, dans le même but, le changer de place au moins tous les ans pour changer les contacts. Il faut en outre le déposer sous un hangar couvert ou au moins couvrir les piles de mauvaises planches ou de dosses faisant fonction de toit. Dès que l'on voit une pièce de bois se fendre à l'une de ses extrémités, ou y enfonce à chaud un *S* en fer, ou mieux encore on y cloue une planchette, ce qui empêche les deux parties séparées de s'écarter davantage. Faute de prendre ces précautions, les meilleures pièces sont bientôt complétement avariées.

pailleux; lorsqu'il est bien soudé, il rend en le frappant un son clair, net et qui se prolonge assez longtemps, comme celui d'une cloche; quand il est mal soudé ou pailleux, il est sourd, comme celui d'une cloche fêlée. Pour les échantillons de faibles dimensions on apprécie de sentiment la difficulté que le fer éprouve à se rompre; quand les pièces sont considérables, comme les essieux, les bandages, etc., on met en note le poids du marteau, la hauteur de chute, la distance des points d'appui, le nombre de coups, la flexion à chaque coup, afin de pouvoir soumettre au calcul les résultats de l'expérience. Ce genre d'essais se fait souvent au mouton. Lorsque la fabrication est importante et doit durer longtemps, il ne faut pas se borner à faire des essais dans le commencement; il faut les répéter à divers intervalles, parce que les produits sont susceptibles de se modifier, quoique les opérations n'aient subi elles-mêmes aucune modification. Cela est si vrai que, les premières expériences faites sur des essieux de tenders d'une certaine usine, avaient donné des résultats très-satisfaisants, et qu'au bout d'un certain temps, de nouveaux essais ayant été faits, une série entière d'essieux fut refusée.

Voici les résultats des dernières expériences faites avec un mouton de 1,200 kilog. tombant d'une hauteur de 6^{m},500, le diamètre des essieux étant de 0^{m},110.

Premier essieu. — Distance des points d'appui : 1^{m},800; rupture au premier coup à l'endroit du choc, et à 0^{m},500 par contre-coup. Cassure à larges facettes perpendiculaire à l'axe.

Deuxième essieu. — Distance des points d'appui : 1^{m},600.

Premier coup. Flexion sans criques au milieu; fusée rompue à 60 millimètres en dehors du point d'appui; cassure à larges facettes.

Deuxième coup. La seconde fusée, placée au point d'appui, rompue sans flexion; nouvelle flexion de l'essieu.

Troisième coup. Nouvelle flexion de l'essieu; flèche de 0^{m},200 pour une corde de 1^{m}.

Troisième essieu. — Distance des points d'appui : 1^{m},900.

Premier coup. Flexion de 0^{m},140 pour une corde de 1^{m}.

Second coup. Nouvelle flexion sans criques; flèche de 0^{m},200 pour 1^{m} de corde.

Même essieu; nouvel essai sur les deux moitiés : Distance des points d'appui : 0^{m},850; après un coup, flèche de 0^{m},060 pour 1^{m} de corde.

3° Acier. — L'acier diffère du fer en ce que son élasticité à froid est beaucoup plus grande quand il a été trempé; c'est-à-dire que lorsqu'il a été soumis à un effort tendant à le déformer, et que l'effort cesse, il revient beaucoup mieux à sa position primitive; mais la limite de sa résistance est beaucoup moins éloignée, et quand la charge est trop grande ou brusque, il se casse au lieu de se déformer. On doit examiner la cassure : elle doit toujours être parfaitement homogène et à grains fins et serrés; dans l'acier de petite section de bonne qualité, le grain est comparable à celui du marbre; dans les barres de fortes dimensions, il est généralement un peu plus gros à l'intérieur; mais on doit refuser celles dont le grain est semblable à celui du fer ordinaire, même de bonne qualité. On soumet en outre l'acier, après l'avoir trempé, à des charges qui dépendent de ses dimensions, et l'on voit s'il revient bien à sa position primitive, ou de combien il s'est déformé; quand la déformation est trop considérable, on le refuse.

Lorsque l'on veut employer l'acier à faire des outils, on prend ordinairement un échantillon sur la livraison, et l'on en fait des tarauds, des burins ou des becs d'âne, pour voir s'il se forge bien ou s'il devient pailleux en le travaillant; et si, après l'avoir trempé avec le plus grand soin, il se refoule ou s'égraine lorsqu'on s'en sert. S'il ne se comporte pas bien sous ces divers rapports, on le refuse.

Quand des pièces, soit en acier, soit en fer cémenté en paquets doivent être trempées, on s'en assure en essayant de les limer; si la cémentation et la trempe sont bien faites, la lime ne mord pas, si la lime mord elles sont mal faites et il y a lieu de prononcer un refus.

4° Fonte. — Les défauts que l'on peut craindre de rencontrer dans la fonte brute sont des trous ou soufflures, des piqûres ou petites soufflures de quelques millimètres, des gouttes froides; et dans ces différents cas, il y a lieu de prononcer le refus; on frappe des coups de marteau sur les différentes faces, et on casse quelques pièces pour reconnaître si, comme cela arrive souvent, ces défauts existent intérieurement, quoiqu'ils ne soient pas apparents à l'extérieur, et si la fonte est grise ou blanche, et par conséquent douce et résistante, ou dure et très-cassante. Si les pièces doivent être ajustées on reconnaît leur dureté en les burinant et les limant sur une section de 1 ou de 2 centimètres carrés.

Lorsque l'on a intérêt à savoir en outre si la fonte est de première ou de seconde fusion, il faut assister aux chargements et à la coulée pour savoir si l'on fait les chargements avec de vieilles pièces ou avec de la fonte neuve: la porosité n'est pas suffisante à cet égard, quoique la fonte de deuxième fusion soit plus serrée que celle de première fusion.

Les pièces en fonte brute doivent être ébarbées, c'est-à-dire que le fondeur doit toujours faire disparaître les bavures provenant de la jonction des châssis, les traces des jets et des évents, et enlever complètement le sable qui peut adhérer aux surfaces.

5° Cuivre rouge et cuivre jaune ou laiton. — Le cuivre rouge et le laiton, quand ils ont été recuits avec soin à l'abri de l'air, doivent être malléables à froid, c'est-à-dire qu'ils doivent pouvoir se travailler à froid au marteau, sans se criquer ni devenir pailleux; quand ils ne jouissent pas de ces propriétés, et le cuivre jaune principalement, ils sont de mauvaise qualité, ainsi que lorsque la cassure est terne et creuse; c'est-à-dire lorsque le grain n'est pas serré. Plus la cassure est claire, et plus le cuivre est de bonne qualité.

6° Bronze et alliages de plomb, zinc, étain. — On peut craindre de rencontrer dans le bronze et dans les divers alliages de plomb, de zinc et d'étain, des soufflures, des piqûres et des gouttes froides, comme dans la fonte, et alors ces défauts sont beaucoup plus graves; il faut être beaucoup plus sévère que pour la fonte; les pièces que l'on fait avec ces alliages, coussinets, coulisseaux, etc., étant généralement destinées à frotter, et le frottement et l'usure étant d'autant plus considérables que les surfaces sont moins polies et moins homogènes.

On s'habitue assez promptement à reconnaître à l'aspect de la cassure si le bronze ne contient que du cuivre rouge et de l'étain, ou s'il contient du plomb et du zinc, et si les proportions de cuivre et d'étain sont bien celles demandées. Non-seulement le bronze est d'autant plus rouge qu'il contient plus de cuivre; mais il est d'autant plus dur et plus cassant, il prend un poli d'autant plus grand que la proportion d'étain est plus forte. Mais cette appréciation de sentiment serait tout à fait insuffisante dans la plupart des cas pour se rendre compte sérieusement du titre des bronzes que l'on emploie, et il faut recourir à une analyse chimique.

La présence du plomb dans les alliages de cuivre leur donne une teinte verdâtre, et celle du zinc un aspect blanchâtre qu'il est très-facile de reconnaître. La présence du zinc dans les alliages de plomb et d'étain leur donne une dureté qu'il est également très-facile d'apprécier.

§ 5. Réception des pièces détachées.

Tout ce qui vient d'être dit sur la réception des matières brutes s'applique également à la réception des matières ouvrées, et les défauts qui feraient refuser la matière brute feraient également refuser les pièces ouvrées, soit détachées, soit faisant partie d'appareils complets; l'on commence toujours par s'assurer de la qualité des matières avant de laisser commencer l'exécution des pièces.

Lorsque la réception se fait par les chefs de service, chacun d'eux sait tout naturellement par l'expérience quels sont les points sur lesquels son attention doit porter. Lorsqu'elle se fait par un inspecteur principal, il faut que cet inspecteur soit parfaitement au courant de toutes les études des machines, des wagons et des divers appareils; qu'il comprenne bien que chacune de ces parties du matériel doit être traitée différemment; que, sans accepter, les yeux fermés, les pièces de wagons, on doit être un peu moins exigeant pour elles que pour les pièces mécaniques; il faut qu'il charge des agents spéciaux de surveiller chaque branche, après avoir donné à chacun des instructions très-précises sur la manière de faire la réception.

Il faut exiger que chaque constructeur avant d'exécuter une commande fasse un spécimen de chaque pièce, qui est examiné avec le plus grand soin afin d'empêcher que les défauts qu'il présente se reproduisent dans l'ensemble de la fabrication. Cette mesure est à la fois dans l'intérêt de la compagnie et dans celui du constructeur, car, d'une part, les rectifications et réparations sont toujours onéreuses pour le fabricant, et d'autre part, les pièces réparées ne peuvent jamais être aussi bien faites, ne font jamais un aussi bon service que celles qui sont réussies du premier coup, et de plus, l'inspecteur qui suit la fabrication peut découvrir des erreurs qui se seraient glissées dans les études et les faire rectifier avant qu'elles aient donné lieu à une mauvaise fabrication.

La première condition générale d'une bonne exécution est la conformité aux plans.

Il faut avoir soin de présenter les unes aux autres les pièces qui doivent se monter ensemble; ainsi, en général, on doit emmancher une partie des boulons de chaque espèce dans les trous destinés à les recevoir, les axes des charnières dans les nœuds, les tiges de choc et de traction dans leurs mains et leurs douilles, les tourillons dans les coussinets, les arbres de transmission dans les poulies et les roues d'engrenage qu'ils portent, les poulies d'excentrique dans les colliers, les entretoises sur les plaques de garde, les cadres de tiroirs sur les tiroirs eux-mêmes, etc., etc., pour s'assurer qu'ils se monteront bien et qu'ils n'auront pas de jeu. On doit avoir soin que les trous des paliers de transmission, des équerres des charnières, etc., et ceux de leurs contre-plaques se correspondent bien.

On peut tolérer de légère différences dans les sections des parties brutes, mais toutes les parties ajustées doivent avoir rigoureusement les cotes du plan; les longueurs, les écartements doivent toujours être parfaitement exacts. Les pièces destinées à produire une fermeture hermétique par le simple contact, comme les soupapes, doivent être rodées sur leurs siéges. Il faut que les clavettes des bielles, des têtes de piston et des autres pièces mécaniques soient parfaitement justes dans leurs trous.

Toutes les fois que des pièces de fer présentent des soudures, il faut s'assurer si elles sont bien faites. On s'en aperçoit d'abord à l'aspect extérieur des pièces, qui ne doivent pas avoir des lignes de soudure trop profondes; en outre, lorsqu'on donne un choc avec un corps dur, on obtient un son très-pur si la soudure est bien faite, comme il a été dit pour la réception du fer brut; si elle est mauvaise, le son est sourd. Enfin, en faisant chauffer les pièces au rouge dans une forge, si la soudure est bonne le refroidissement a lieu d'une manière uniforme; si elle est mauvaise les parties ne se refroidissent pas également et prennent, par conséquent, des teintes différentes.

On ne doit jamais tolérer d'encollages par bout.

Outre les conditions générales de bonne exécution, il y en a d'autres spéciales à certaines espèces de pièces, et qu'il est nécessaire d'exposer ici.

Boulons, harpons et écrous. — Indépendamment de la longueur, du diamètre et du pas, dont l'exactitude se vérifie sur des types faits avec le plus grand soin, il faut que l'écrou n'ait pas de ballottage sur la tige, et que cependant il ne soit pas assez dur, assez serré pour arracher les filets quand on le tourne. Les boulons doivent être faits de manière qu'un écrou quelconque puisse aller sur tous les boulons de même diamètre.

La meilleure manière de faire les têtes des boulons, c'est de les refouler, ainsi que les ergots, comme des rivets. Ces têtes, formées par une bague enroulée et soudée, sont sujettes à se détacher; celles simplement encollées n'ont aucune solidité.

Les écrous de petites dimensions pour boulons au-dessous de 35 mil. doivent être enlevés dans une barre de section convenable que l'on perce à chaud et que l'on découpe. Au-dessus, on les fait avec du fer roulé et soudé.

Les harpons sont des espèces de boulons dans lesquels la tête est remplacée par une semelle plate; la tige et la semelle doivent être étirées dans une même barre, et non pas soudées l'une à l'autre.

Équerres. — Ce qu'il y a de plus important dans les équerres et les fausses équerres, c'est que l'angle soit exact; on s'en assure avec un simple calibre en tôle découpé suivant le dessin. Elles doivent être prises dans des barres de fer ayant un excès d'épaisseur, que l'on étire en laissant un talon à l'endroit de l'angle; quand les deux branches sont encollées, ou que l'angle est formé par un coin rapporté, elles sont beaucoup moins solides.

Chaînes et crochets de levage. — Les chaînes et crochets de levage des caisses, destinés soit à les changer de trains, comme cela se pratique pour les diligences, soit seulement à permettre de changer les roues, doivent être examinés avec un soin tout particulier. Il faut que les longueurs des chaînes d'un même appareil soient parfaitement égales, afin que les caisses ne s'inclinent pas en les levant, et en outre, que le fer soit de première qualité, bien soudé, etc.; pour s'assurer de cette dernière condition, il faut leur faire supporter une charge d'épreuve au moins double de celle qu'ils ont à porter en service. On conçoit que la rupture d'une chaîne ou d'un crochet de ce genre pourrait causer des accidents fort graves. En outre, la soudure ne doit pas se faire à l'extrémité des maillons, mais au milieu d'une des branches; il faut de plus s'assurer que les chaînes et les crochets s'agraffent bien les uns dans les autres.

Appareil d'attelage et de traction. — L'exactitude des cotes partielles et totales est la première condition pour toutes les parties de ces appareils, barres d'attelage rigides, tendeurs articulés et à vis, crochets de traction, tiges de choc, chaînes de sûreté, et autres, afin que la traction et les chocs ne s'opèrent pas obliquement, ce qui pourrait dans une certaine limite occasionner des déraillements. Il faut en outre que les tendeurs à vis puissent se serrer à fond et entrent sans difficulté dans les crochets de traction, que les chaînes de sûreté s'accrochent bien entre elles et que leurs crochets tournent aisément l'un dans l'autre.

Le meilleur calibre pour vérifier la longueur des tendeurs à vis et des chaînes de sûreté est une planche portant à sa partie supérieure un crochet auquel on suspend la pièce à vérifier et à sa partie inférieure un talon au niveau duquel l'autre extrémité de la pièce doit arriver.

Les chaînes de sûreté (1) doivent être en fer à câbles. On essaye leur résistance en attachant leurs pitons aux oreilles latérales d'une presse hydraulique et les crochets à une barre de fer sur laquelle on exerce à l'aide du piston un effort double ou triple de celui qu'elles peuvent avoir à supporter en service.

Il est important de s'assurer que les guides et les mains ou buttoirs des tiges de choc se montent bien sur les tiges elles-mêmes, comme il a déjà été dit plus haut.

Brides de ressorts. — Il faut que les dimensions intérieures de ces pièces soient parfaitement exactes, surtout quand elles sont complétement fermées et se montent à chaud, afin que le ressort n'ait pas de jeu ou ne les éventre pas. Le défaut le plus dangereux et que l'on rencontre le plus fréquemment consiste dans des criques aux angles. Il faut prohiber l'encollage de la tige ou queue et celui de la *douille;* elles doivent être enlevées dans un morceau de fer d'une section suffisante que l'on étire et que l'on étampe à un bout et que l'on refend à l'autre pour y former les branches. Pour les brides de suspension qui l'emmanchent dans les boîtes à graisse, il faut en outre que la largeur extérieure soit rigoureuse.

Boîtes à graisse, couvercles et coussinets. — Les couvercles et les dessous doivent fermer hermétiquement, les trous des réservoirs doivent correspondre exactement à ceux des coussinets, et les rainures se prolonger sur les congés, afin que le sable ne puisse pas pénétrer à l'intérieur de la boîte et que la graisse se répande facilement sur toute la fusée.

Les couvercles qui ferment le plus hermétiquement sont ceux en fonte, présentant un rebord sur leur pourtour et portant à l'extrémité du nœud de la charnière une came sur laquelle vient battre un ressort monté sur le côté de la boîte, dans le genre de ceux adoptés au chemin de fer du Nord.

Quand le dessous n'est pas fait comme dans les machines pour emboîter la fusée, il est bon que la boîte soit fermée du côté de la roue par une cloison en tôle.

Appareil de suspension. — La suspension des machines, tenders et wagons se fait de plusieurs manières :

Tantôt l'extrémité du ressort est supportée par une tige taraudée munie d'un écrou et percée à l'autre bout d'un œil qui reçoit un boulon servant d'axe d'oscillation ; la réception de ces tiges se fait comme celle des boulons en vérifiant la longueur, le diamètre et le pas.

Dans d'autres cas la suspension se fait à l'aide de deux chappes terminées par des tiges taraudées reliées par des écrous de règlement à double taraudage, dont l'une embrasse les longerons et l'autre les ressorts auxquels elles sont reliées par des boulons tournés servant d'axe d'oscillation. Ce qui importe le plus, c'est l'exactitude des dimensions intérieures des chappes; il faut voir en outre s'il n'y a pas de criques aux angles.

La suspension des wagons à voyageurs se fait avec des mains à fourche ou chappes qui embrassent une menotte en cuir ou en fil de fer, embrassée semblablement à l'autre bout par le ressort. Ces chappes présentent une partie cylindrique qui glisse dans la douille de même diamètre d'un

(1) Il est bon de remarquer que pour être efficaces les chaînes doivent être presque tendues quand les wagons sont attelés, de manière que dans le cas où le tendeur viendrait à casser elles se trouvent en prise sans choc : c'est le contraire qui a lieu fréquemment, elles ont un grand excès de longueur, de sorte que dans le cas de rupture du tendeur elles reçoivent une secousse et se brisent à leur tour.

support fixé au châssis. On règle la position de cette main à l'aide d'un écrou qui vient buter contre la douille, ou qui porte un double taraudage et règle deux mains à la fois. Il faut que la hauteur de l'axe au dessous de la semelle des supports soit parfaitement exacte ainsi que la longueur intérieure des menottes, que les chappes puissent entrer indistinctement dans toutes les douilles sans ballottage et que les goujons soient tournés. Ces menottes ont l'inconvénient de s'allonger facilement de 25 cent. à 30 cent. ; il vaut mieux qu'elles soient en fer. On vérifie la longueur et la largeur à l'intérieur.

Pour les wagons à marchandises la suspension se compose seulement d'un support et d'une menotte en fer reliés entre eux et au ressort par des goujons tournés.

Plaques de garde.—Les plaques de garde se font chez les fabricants de chaudières, au lieu que les autres ferrures se font chez les constructeurs de machines; il importe donc que ces pièces soient examinées avec le plus grand soin afin qu'elles se rapportent avec les entretoises qui sont faites dans des ateliers différents; on vérifie les entretoises et la partie inférieure des plaques de garde avec un calibre qui a d'un côté la forme d'une entretoise avec des boutons à l'endroit des trous et qui de l'autre côté est une simple plaque ayant la largeur de la partie inférieure de la plaque de garde et portant également des boutons à l'endroit des trous. Quand le calibre ne peut pas s'emmancher exactement on refuse les pièces.

La tôle doit être *épaillée*, et son épaisseur parfaitement exacte. Pour s'assurer de sa qualité, on frappe les plaques avec un marteau de forge, au-dessus de l'évidement où passe la boîte à graisse, et au milieu des branches latérales : Si elle est bonne, la plaque plie ; si elle se casse, elle est mauvaise.

Roues, essieux, bandages. — Pour que les roues puissent se monter indistinctement sous toutes les machines ou wagons d'une même espèce, il faut que l'entre axe des fusées soit toujours le même ; on s'en assure sur l'essieu tourné avant qu'il soit monté ; on vérifie de même le diamètre et le profil des pesées ; on doit aussi vérifier le diamètre de l'essieu à la portée de calage, et le diamètre intérieur du moyeu, pour lesquels on ne peut avoir aucune tolérance, les essieux devant plus tard changer de roues, par suite des réparations. Pour reconnaître la nature et la qualité du fer, on fait laisser à l'extrémité des fusées le petit bouton qui a reçu le point de centre et que l'on casse au moment de la livraison. Pour que les roues puissent se poser sur la voie, il faut que leur écartement soit exact; on le vérifie à l'aide d'une barre de fer plat dans laquelle le profil des deux bandages est découpé conformément aux côtes du plan ; si les boudins n'y entrent pas, l'écartement des roues est mauvais; on le règle facilement en faisant au tour un épaulement contre lequel le moyeu vient butter. Il est utile de vérifier le calage d'une partie des essieux, et de voir à quelle pression il résiste : cette vérification se fait au moyen d'une presse hydraulique ou d'une presse à vis.

Il est important que la rivure soit bien faite pour que le bandage ne se lâche pas. Quand les roues doivent avoir un faux cercle, il ne faut point le faire mettre par le constructeur; on l'obtient facilement plus tard en enlevant le boudin aux premiers bandages, quand ils sont usés.

Après un certain temps d'exploitation, on monte de préférence les roues à bandages neufs aux wagons à voyageurs.

La réception des roues couplées ne doit se faire que lorsque la garniture est complète, afin qu'on puisse vérifier 1° si les six roues ont toutes le même diamètre rigoureusement; 2° si la distance de l'axe des boutons de manivelle à l'axe des essieux est bien la même pour toutes les roues ; 3° si les manivelles sont toutes dans le même sens ; 4° si les milieux des boutons de manivelles sont bien dans un même plan perpendiculaire aux axes des essieux.

Toutes les fois qu'un essieu coudé doit rester libre, soit pour voyager, soit pour être réparé, il faut mettre une cale en bois entre les deux parties de chaque manivelle coudée, pour maintenir leur écartement et empêcher l'essieu de se forcer.

Chez M. Cavé et chez M. Kœchlin, après avoir tourné les fusées au crochet, on les martelle à froid, à petits coups, avec un marteau de 1 kilogr. environ, ce qui durcit beaucoup la partie extérieure du fer, et on les plane ensuite; on peut ainsi employer du fer très-doux.

On consigne pour chaque essieu les résultats de l'examen sur un bulletin conforme au modèle ci-joint (page 11)

CHEMIN DE FER | DIVISION
d | du matériel.

BULLETIN DE RÉCEPTION

D'essieu monté de . . . .

HISTORIQUE.	DIMENSIONS.
Nom du fournisseur.	Diamètre du faux cercle
Provenance de l'essieu.	*Id.* des bandages
Marque *id.*	*Id.* de l'essieu au milieu
Provenance des bandages.	*Id.* de l'essieu au calage
Date de la réception provisoire.	*Id.* des fusées
Id. définitive.	Longueur *id.*
Poids de l'essieu monté à la réception.	*Id.* de l'essieu de milieu en milieu des fusées

OBSERVATIONS.

le

L'ing nieur chargé de la réception

ou sur des tableaux qui portent en tête de leurs colonnes les désignations de ce bulletin. Les numéros d'ordre qu'on donne aux essieux pour en suivre ultérieurement l'emploi et en faire l'historique, conformément à l'article 9 du titre II de l'ordonnance du 15 novembre 1845, s'effacent promptement quand on les place au milieu de l'essieu, parce que c'est l'endroit où vient frapper la noix du cric Verrin, lorsqu'on le soulève pour tourner; la grandeur la plus convenable de chiffres est de 8 ou 9 millimètres; il est important de les marquer très-profondément.

Bielles.—Dans toutes les bielles, bielles motrices, bielles d'accouplement, bielles de pompes, etc., il est essentiel de vérifier si les entre-axes des coussinets sont parfaitement exacts, si les coussinets sont parfaitement ajustés sans le moindre jeu, s'ils n'ont pas de gauche entre eux, si le clavetage est parfaitement ajusté, monté et goupillé de manière à ne pas pouvoir se desserrer. Le grippement des coussinets, ou même la rupture des bielles, peuvent résulter d'une mauvaise exécution sous ces divers rapports.

Pour vérifier les entre-axes des coussinets, on y place une cale en bois sur laquelle on trace les centres, et l'on présente une jauge ou calibre formé d'une simple règle en bois armée de tôle pour l'empêcher de fléchir, et terminée à ses deux extrémités par des pointes recourbées d'équerre et trempées.

Mécanisme et roues motrices des machines.—Il va sans dire que les joints des cylindres des boîtes à vapeur doivent être parfaitement étanches, et ne doivent pas laisser la moindre fuite. De plus, on sait que la tige du piston fait marcher les roues motrices, et que les excentriques montées sur l'essieu de ces roues font mouvoir les tiroirs qui distribuent la vapeur : une variation, même peu considérable dans la position des tiroirs, peut produire le dérèglement de la distribution, et par suite, l'affaiblissement de la machine et un accroissement de dépense. Il faut donc que le rayon des boutons de manivelle soit exactement le même pour toutes les roues, afin que chaque essieu puisse aller d'une machine à une autre, ce qui se renouvelle à chaque instant. Il faut que la longueur intérieure des cylindres soit invariable, ainsi que les dimensions des tiroirs. Il est aussi de la plus grande importance que les poulies d'excentriques soient bien montées, qu'elles n'aient pas de jeu dans les colliers, que leur excentricité soit exacte, que la ligne des centres de l'essieu et de l'excentrique soit bien placée, par rapport aux axes des manivelles; car s'il en était autrement, la marche des tiroirs deviendrait irrégulière, il y aurait trop ou trop peu d'avance et de recouvrement, et la machine serait affaiblie.

Il est nécessaire également que les coulisseaux n'aient point de jeu dans les coulisses de distribution; en conséquence, les glissières et les coulisseaux de têtes de piston, le secteur de distribution, tous les axes et tourillons, toutes les parties frottantes du mécanisme doivent être trempées, afin que leur usure soit la plus lente possible.

La vérification du montage des excentriques est plus délicate que celle des autres parties du mécanisme. Voici comment elle se fait. On place l'une des manivelles verticalement; l'axe de symétrie des poulies du même côté doit se trouver aussi vertical, et par conséquent le plan tangent aux deux poulies doit être horizontal, ce dont on s'assure en y mettant un niveau.

Pompes alimentaires et chapelles.—Les pompes alimentaires ne présentent pas par elles-mêmes de grandes difficultés, il suffit que le diamètre du plongeur et celui du presse-étoupe soient bien exacts, et que les plongeurs s'emmanchent à la main, mais sans ballotage.

Il est important que le contact des boulets et de leurs siéges, et ceux des cônes de raccord soient parfaitement rodés, et que les boulets soient parfaitement sphériques.

Il importe que la conicité des raccords ne soit pas trop rapide, parce que, si la perpendiculaire abaissée d'un point de la base supérieure sur la génératrice opposée tombe en dehors de la petite base, le cône peut tourner autour de sa grande base, et n'a par conséquent aucune stabilité, malgré tout le soin qu'on peut mettre à le roder.

Quant à la sphéricité des boulets, on la vérifie en les faisant glisser sur une plaque percée d'un trou circulaire; si les boulets sont sphériques, la plaque doit s'y appliquer exactement dans toutes les positions, sinon ils ne sont pas sphériques et ne reposeraient pas bien sur leur siége.

Tubes et tuyaux.—Les tubes et tuyaux en cuivre, laiton, fonte, qui ont une certaine charge à supporter, doivent être essayés à la presse hydraulique, pour s'assurer que les joints sont bien faits, et qu'il n'y a pas de fuites; il faut en outre, pour les tuyaux en cuivre ou en laiton, s'assurer si les bords sont bien croisés aux joints, si la soudure n'est pas trop épaisse, de manière à être exposée à crever, dans le cas où les tuyaux seraient cintrés. Enfin, les tubes à fumée des machines étant destinés à se placer dans des trous alésés, doivent être parfaitement cylindriques, parfaitement calibrés, et on les fait passer, au moment de leur arrivée, par une plaque en forme de filière, percée de trous ; on sait, du reste, qu'avant de chasser les viroles dans les tubes, il faut en recuire les extrémités pour leur donner la propriété de s'ouvrir comme les pavillons de cors.

Le recuit, la soudure et le *raboutage* des tubes et tuyaux se faisaient jusqu'à ces derniers temps, en les mettant dans un feu de charbon de bois ; depuis dix-huit mois on a établi dans les ateliers du chemin de fer du Nord, pour faire ce travail, ainsi que pour forger et tremper les outils en acier, un fourneau destiné à recevoir le combustible dans une capacité d'un hectolitre environ, surmontée d'un orifice par lequel sort un jet de flamme : on évite ainsi le contact du combustible, et l'on peut, par conséquent, employer celui que l'on veut, sans altérer les pièces.

Ressorts.—Les ressorts sont, comme on le sait, des assemblages de feuilles d'acier superposées, destinés à adoucir, par leur flexibilité, les chocs, et en général les mouvements brusques qui se font ressentir aux véhicules (1). On s'assure d'abord que leurs feuilles sont de bonne qualité, en examinant la cassure, et en outre on les soumet à une pression au moins égale à une fois et demie la charge qu'ils doivent supporter d'une manière permanente en service. La machine avec laquelle on les essaye ordinairement est simplement un levier horizontal pouvant se mouvoir autour d'un axe placé sur une pièce de bois ou sur une pierre encastrée dans le sol ; on pose le ressort sous le levier, à une distance déterminée de l'axe, et l'on charge l'extrémité libre de poids ; on observe de combien les ressorts fléchissent pour les différentes pressions que l'on exerce sur eux (ces pressions sont égales aux poids que l'on applique à l'extrémité du levier, multipliés par le rapport qui existe entre la longueur du levier et la distance de l'axe au centre de pression du ressort). On fait en outre faire quelques soudures, pour voir si l'on pourra réparer ultérieurement les feuilles cassées. Quand l'acier est criqué, pailleux, qu'il se soude mal, on le refuse ; quand un ressort perd un vingtième ou un vingt-cinquième de sa flèche après l'épreuve, on le refuse encore.

On fait en outre passer chaque ressort par un calibre rectangulaire ayant la dimension de la bride dans laquelle il doit se monter pour s'assurer si la largeur et l'épaisseur sont exactes : quand il n'y passe pas, il faut, avant de le refuser, regarder avec attention si cela ne tiendrait pas à un simple déplacement des feuilles autour du rivet pouvant disparaître par un coup de marteau.

Les résultats des essais faits sur une partie des ressorts des voitures et wagons de la Compagnie du chemin de fer du Nord, sont consignés dans le tableau ci-après :

(1) Le montage des ressorts de suspension ne souffre aucune difficulté, on les fixe aux brancards par leurs extrémités et on les descend ensuite avec les boîtes à graisse sur les essieux. Celui des ressorts de traction est plus difficile, parce qu'ils doivent se monter avec une certaine tension dans un espace invariable et sans que la tige de traction exerce aucun effort; on leur donne la bande nécessaire au moyen d'une tige en fer taraudée à l'une de ses extrémités, s'emmenchant de l'autre dans la douille comme la tige de traction, et dont l'écrou vient serrer contre une barre de fer à oreilles qui transmet la pression au ressort; quand celui-ci est convenablement bandé, on le met en place, alors ses guides et les traverses du châssis lui conservent sa bande, et il ne reste plus qu'à desserrer l'écrou et à retirer le monte-ressort.

DÉSIGNATION DES RESSORTS.	NOMBRE de feuilles.	CORDE.	FLÈCHE.	PRESSION.	FLEXION.
Traction à voyageurs à feuilles séparées.	10	1m,750	0m,320	3200k.	0m,320
— — — serrées.	10	1 ,750	0 ,320	3000	0 ,280
Suspension — — séparées.	8	1 ,400	0 ,125	2300	0 ,145
— — — serrées.	8	1 ,400	0 ,125	1500	0 ,125
Traction à marchandises à feuilles séparées.	6	0 ,750	0 ,120	4500	0 ,105
Suspension — — —	6	0 ,900	0 ,125	3000	0 ,080
— — — —	7	0 ,900	0 ,125	3000	0 ,070
— — — —	6	0 ,750	0 ,113	5000	0 ,075
— latérale de la caisse de la voiture royale sur son châssis.	4	0 ,700	0 ,000	2800	0 ,043
Suspension des bouts. — —	4	0 ,700	0 ,060	2500	0 ,050

Toutes les feuilles de ces ressorts ont 0m,075 de largeur et 0m,010 d'épaisseur.

La flexion est sensiblement proportionnelle à la pression.

Tampons en caoutchouc.—On remplace fréquemment dans les wagons à marchandises les tampons secs formés par le prolongement des brancards et même quelquefois les tampons à ressorts en acier par des tampons en caoutchouc. La longueur de tous les tampons d'une même espèce doit être rigoureusement la même ; il faut en outre que tous les pistons puissent s'emboiter indistinctement dans tous les boisseaux. Jusqu'à présent les propriétaires de cette invention, ne sont pas parvenus à trouver une disposition qui permît à la tige qui réunit les rondelles de glisser dans l'évidement du piston, de sorte que l'on est obligé de ménager dans les traverses ou dans les brancards des châssis un logement pour recevoir cette tige au moment de la compression des tampons ou de laisser derrière le boisseau un prolongement en fonte. Il faut que l'ajustement soit tel que cette tige ne puisse pas rentrer plus qu'on ne l'a prévu dans les études, parce qu'il pourrait en résulter, au montage, un affaiblissement dangereux des assemblages dans l'angle du châssis : pour diminuer cet inconvénient, on peut donner aux tampons une pression initiale de montage qui absorbe une partie de la course ; comme on l'a fait aux voitures du chemin de fer du Nord.

Ces tampons ont un avantage que n'ont pas les ressorts ordinaires en acier, c'est qu'ils sont pour ainsi dire d'une compressibilité indéfinie dans les limites ordinaires des forces que l'on rencontre sur les chemins de fer et par conséquent ils ne donnent pas de coups secs ; mais ils ont l'inconvénient de rendre le choc presque aussi rapidement qu'ils le reçoivent, ce qui les rend trop durs pour les wagons à voyageurs.

Pour augmenter la flexibilité, on n'a qu'à diminuer le diamètre des rondelles ou à augmenter leur nombre et leur épaisseur.

Voici le tableau des expériences faites au chemin du Nord sur quelques-uns de ces tampons, et sur des rondelles séparées :

Essais de tampons et de rondelles en caoutchouc.

Tampons à 4 rondelles de 0mq,0104 de surface et de 0m,035 d'épaisseur chacune.

Pressions :	250k.	500k.	1000k.	1500k.	2000k	2500k.	3000k.	4000k.	5000k.
Flexions :	11mm.	21mm.	41mm.	53mm.	61mm.	65mm.	69mm.	76mm.	82mm

Tampons à 2 rondelles de 0mq,0072 de surface et de 0m,040 d'épaisseur chacune.

Pressions :	250k.	500k.	1000k.	1000k.	1500k.	3500k.	6500k.
Flexions :	8mm.	16mm.	27mm.	35mm.	41mm.	46mm.	55mm.

Rondelles séparées *.

Surface.	Hauteur.	200k.	500	750	1000	1500	2000	2500	3000	4500	5500	7000	8300
0mq,0104	0m,040	4	11	»	17	»	21	»	»	»	27	»	»
0 ,0098	0 ,034	5	»	12	»	16	»	»	20½	24	»	»	»
0 ,0076	0 ,035	5	»	10	»	14	18	»	»	»	20	»	»
**0 ,0098	0 ,037	»	8	»	»	16	19	»	»	26	»	»	28
**0 ,0104	0 ,034	»	8	»	12	»	»	17	»	»	24	23	»

* Toutes ces rondelles et tous ces tampons n'ont point éprouvé de perte après l'épreuve.

** Ces rondelles avaient, avant l'essai, des fentes qui se sont entr'ouvertes sous la machine au point d'atteindre 8 à 10 millimètres de largeur en certains endroits; mais elles sont revenues néanmoins à leur état primitif.

Balances de soupapes. — Les balances de soupapes sont des ressorts enfermés dans une enveloppe cylindrique ou rectangulaire, fixés à une extrémité et soumis à l'autre à un effort de traction ou de compression, agissant sur des leviers qui tiennent les soupapes de sûreté fermées tant que la tension de la vapeur dans la chaudière ne dépasse pas une certaine limite; on les emploie au lieu de contre-poids dans les machines locomotives. Il est important que les indications de ces appareils soient très-exactes, afin qu'on sache bien quelle est la pression dans la chaudière, suivant les différentes conditions où l'on peut se trouver. On donne ordinairement la longueur totale, la course et la charge; il est important de remarquer pour la graduation de ces appareils que, lorsque la vapeur a une pression d'une atmosphère dans la chaudière, la soupape est soumise intérieurement et extérieurement à la même pression, et que, par conséquent, les efforts se détruisent; en outre, lorsque la pression commence à s'élever, le poids des leviers et des balances en neutralise encore une partie. Il faut donc calculer à quelle charge ces poids correspondent à l'extrémité du levier, et quelle augmentation de pression il faudrait dans la chaudière pour les soulever. Ce n'est donc qu'à une atmosphère et demie ou deux que la graduation doit commencer. On doit en outre laisser au ressort dans son enveloppe une course correspondante à deux ou trois atmosphères en sus de la pression normale, afin que la vapeur puisse bien se dégager.

Lorsque l'on fait la réception de ces appareils, il faut voir si les pressions supportées par les ressorts aux différents points de l'échelle sont bien celles qui ont été indiquées au constructeur, et qui doivent être exercées à l'extrémité des leviers; et en général, si toutes les conditions ci-dessus ont été remplies.

Les flexions et les allongements sont proportionnels aux pressions; ils ne doivent pas au maximum dépasser deux tiers ou trois quarts de l'épaisseur du fil d'acier pour chaque tour dans les ressorts à boudins, et ils doivent être de 2 à 3 centimètres pour la charge correspondant à une atmosphère.

Tableau de divers essais de ressorts à boudins.

DIAMÈTRE du ressort.		DIAMÈTRE du fil.	PAS.	LONGUEUR considérée.	CHARGE d'épreuve.	COURSE.	OBSERVATIONS.	
	mm.	mm.	mm.	mm.	kil.	mm.		kil.
Par traction	38 1/2	5	5 5/19	100	70	70	cassé à	75
—	35	4 1/2	5 5/17	100	50	60	—	60
—	33	4 1/4	7 1/7	100	75	75	déformé à	80
—	25	3 1/4	6	100	60	80	—	70
—	21	2	2 1/2	100	20	180	cassé à	25
—	20	2	3	100	35	150	—	40

Engrenages. — Il n'y a que deux conditions principales auxquelles les engrenages doivent satisfaire : il faut que la denture soit parfaitement régulière, que les roues qui engrènent les unes avec les autres aient toujours plusieurs dents en contact, et que leurs pas soient parfaitement identiques ; que les diamètres de contact soient bien exacts, ainsi que le diamètre intérieur et la largeur du moyeu. Dans les engrenages coniques, il faut de plus que les arêtes des dents passent bien par le sommet du cône ; et lorsque des engrenages engrènent avec une vis sans fin, il faut que les dents soient obliques sur la jante et que leur inclinaison soit égale à celle du filet de la vis.

Bois. — Outre les conditions de bonne qualité du bois lui-même qui ont été décrites précédemment, il est nécessaire, lorsqu'on fait exécuter des pièces détachées en bois, comme des traverses, des brancards de châssis ou de voitures, des brancards de tombereaux ou de brouettes, des châssis de baies, etc., etc., que les bois aient au moins trois ans de coupe ; lorsque le bois est humide, les pièces se tourmentent, se gercent en séchant ; elles se retirent, les assemblages prennent du jeu, s'échauffent, se pourrissent, et tout l'appareil se disloque. On doit rejeter les pièces dont les fibres sont tranchées et qui sont, par conséquent, exposées à se rompre facilement. Les pièces courbes ne doivent pas être tracées dans un plateau avec leur forme réelle et découpées ensuite à la scie ; mais elles doivent être tracées, développées droites et cintrées ensuite à chaud et à la vapeur sur des mandrins ; il faut prendre de préférence des bois qui ont naturellement une courbure dans le genre de celle qu'on veut obtenir. Le découpage ne doit s'employer que lorsqu'il y a des différences de section.

—Telles sont les prescriptions les plus importantes pour la réception des pièces détachées ; avec ces exemples et les indications générales qui sont en tête de ce paragraphe, on peut facilement se rendre compte de ce qu'il faudrait faire dans tout autre cas et pour toute autre pièce.

Quand on prononce un refus, il faut pour empêcher des constructeurs de mauvaise foi de représenter des objets refusés, ou détruire ces objets si le défaut est grave et l'objet peu important, ou faire faire immédiatement la réparation dans le cas contraire, ou assigner un lieu de dépôt et en exiger la représentation à toute réquisition, sous peine d'une amende au moins égale à la valeur de ce qui aurait disparu.

Comme il est indiqué au bas du modèle de commande lorsqu'une livraison donne lieu à un refus de 10 p. 100, cette livraison entière doit être refusée.

Pour faciliter les réceptions, il faut que les constructeurs rendent avec la première livraison les specimens et les calibres qui leur ont été remis. On a ordinairement une ou plusieurs nomenclatures dans lesquelles chaque pièce reçoit un numéro d'ordre ; il faut que ces numéros soient poinçonnés sur toutes les pièces, ainsi que la marque du constructeur.

§ 6. — RÉCEPTION DES APPAREILS COMPLETS.

La réception en général se divise en deux parties distinctes : la réception provisoire et la réception définitive. La réception provisoire est celle qui a lieu au moment même de la livraison, par suite de la surveillance des travaux à l'usine et de l'examen à l'arrivée des objets ; la réception définitive est celle qui a lieu pour solde du règlement de ces objets et pour laquelle on tient compte des réparations ou des remplacements de pièces. Pour les pièces détachées, la réception définitive se fait pour ainsi dire d'elle-même : la plupart des défauts de fabrication ou de qualité qui ont échappé aux agents chargés de la surveillance dans les usines et de l'examen à l'arrivée se découvrent au montage, les autres apparaissent après quelques jours de service, et le remplacement des pièces défectueuses devient ainsi une chose très-simple. Pour les appareils montés, il n'en est pas de même : il y a un grand nombre de petits défauts qui n'empêchent pas l'emploi de ces appareils, mais qui entraînent des réparations assez onéreuses et dont les constructeurs sont responsables ; il faut donc, au moment où le délai de garantie est sur le point d'expirer, procéder à un nouvel examen, à une visite complète, comme à l'époque de la livraison, dans le but d'exiger ces réparations du constructeur, à moins de tomber d'accord avec lui de la valeur qu'elles représentent et de la lui retenir à titre d'indemnité.

La réception des appareils montés doit commencer par celle des matières premières et par celle des pièces détachées avec le même soin, les mêmes détails, la même rigueur que si les pièces devaient être livrées détachées, puisque si on n'exigeait pas que les plans fussent rigoureusement suivis pour les appareils complets, les pièces de rechange ne pourraient pas servir plus tard aux réparations, et il faudrait remplacer chaque pièce réformée par une pièce spéciale, ce qui serait très-dispendieux.

Il faut ensuite surveiller de près le montage, afin qu'on ne monte pas dans des endroits cachés des pièces défectueuses ou mal ajustées, afin que la garniture, la peinture, etc., soient bien faites suivant les conditions du marché. Ordinairement on annexe aux commandes d'appareils complets des spécifications ou cahiers des charges contenant non-seulement la nomenclature des pièces, mais encore leurs dimensions principales, les dispositions générales des diverses espèces d'appareils ; la provenance des matériaux, le mode général de fabrication, le nombre des couches de peinture ; les époques de livraison, les délais de garantie et en général toutes les clauses importantes pour la réception et le payement. Nous en donnerons plusieurs à l'occasion de la réception des machines et des tenders ; ils contiennent tous les clauses suivantes :

« Tous les matériaux employés seront de la meilleure qualité et de premier choix. L'exécution devra être égale sous tous les rapports à celle des meilleurs appareils fonctionnant dans les ateliers les mieux organisés de France et d'Angleterre.

La compagnie pourra, pour s'assurer de la qualité des matériaux et de la bonne exécution des appareils, procéder à toutes les épreuves qui lui paraîtront nécessaires, et les frais auxquels ces épreuves donneront lieu seront à la charge du constructeur. L'entrée dans les ateliers du constructeur sera toujours accordée aux agents de la compagnie chargés de surveiller la fabrication et la construction desdits appareils. »

Chaudières. — Lorsque l'on fait la réception des chaudières, soit pour machines fixes, soit pour machines locomotives, il faut non-seulement s'assurer que la qualité des matières et la confection ne laissent rien à désirer, que la rivure est bien faite, c'est-à-dire que les rivets n'ont pas été refoulés trop froids, qu'ils remplissent bien leurs trous, que leurs têtes sont bien serrées et ne laissent pas de jour, que les feuilles sont suffisamment croisées et que leurs joints sont bien matés et qu'il n'y a pas de fuite ; que les diverses parties de la tuyauterie et de la robinetterie sont bien ajustées et bien montées ; mais, en outre, il faut les soumettre à une pression deux fois plus forte que celles qu'elles doivent supporter en service, conformément aux ordonnances des 25 mai et 12 juillet 1828.

En vertu de ces ordonnances, l'épaisseur à donner aux chaudières en tôle se calcule par la formule

$$e = \frac{36 \times \mathrm{R}(n-1) + 3000}{10000},$$

en représentant par e l'épaisseur de la tôle, par R le rayon de la chaudière, et par n le nombre absolu d'atmosphères dans la chaudière.

Les règlements de police prescrivent en outre l'emploi de divers appareils de sûreté. Ceux qui s'appliquent aux machines fixes sont :

Un manomètre à air libre indiquant à chaque instant la pression dans la chaudière par la variation de la hauteur du mercure ;

Un flotteur à contre-poids et à balancier, dont la position indique le niveau de l'eau, afin que le chauffeur sache quand il faut alimenter ;

Un autre flotteur à sifflet ou à sonnette, destiné *à donner l'alarme*, à avertir quand le niveau s'abaisse au delà d'une certaine limite et que la chaudière pourrait se brûler ou éclater ;

Deux soupapes de sûreté, dont la section se calcule par la formule

$$D = 1,3\sqrt{\frac{S}{n - 0,412}},$$

dans laquelle S représente la surface de chauffe, n le nombre d'atmosphères dans la chaudière et D le diamètre de la soupape, et qui sont tenues fermées par des contre-poids tant que la pression ne s'élève pas au delà du nombre d'atmosphères pour lequel la chaudière a été timbrée.

Dans les locomotives, il est impossible de se servir de flotteurs et de contre-poids, parce que le mouvement même des machines fausserait les indications que l'on obtiendrait. On remplace le flotteur à balancier par un appareil de niveau d'eau se composant de deux tubes, l'un en bronze, dit clarinette, portant trois robinets, qui communique toujours avec l'intérieur de la chaudière au moyen de deux tubulures placées à ses extrémités ; l'autre en verre, qui communique avec le premier à l'aide de deux robinets. L'eau prend dans ces deux tubes le même niveau que dans la chaudière, et l'on voit directement dans celui en verre si elle est au-dessus ou au-dessous du repère qui indique le niveau normal ; lorsqu'il vient à se casser, on ferme les robinets par lesquels il communique avec le tube en bronze, et l'on fait usage des trois robinets de clarinette qui sont l'un au niveau normal, l'autre au-dessus, l'autre au dessous. Quand le robinet supérieur donne de l'eau, il faut cesser d'alimenter ; quand le robinet inférieur donne de la vapeur, le ciel du foyer est à découvert et il faut se hâter de jeter le feu : si l'on alimentait à ce moment, l'eau arrivant subitement sur une surface chauffée au rouge pourrait produire une explosion. En outre, le ciel du foyer des locomotives porte une rondelle formée avec un alliage qui fond lorsque sa surface intérieure n'est pas recouverte d'eau, et qui donne ainsi une ouverture par laquelle la machine perd sa vapeur et son eau, de sorte qu'elle se trouve hors de service.

Comme les locomotives ne restent jamais seules quand elles sont en feu, le flotteur à sifflet devient inutile et on le remplace par un sifflet à robinet dont les mécaniciens se servent pour avertir de l'arrivée de la machine.

Enfin, il doit y avoir dans les cheminées des machines locomotives, une grille ou un autre appareil destiné à arrêter les flammèches qui pourraient, sans cela, voler sur les voyageurs et les marchandises et causer des accidents.

Avec tous ces appareils de sûreté, les explosions sont évidemment très-rares, cependant elles sont encore possibles. Les chaudières fixes se placent en contre-bas du sol dans un local dont le volume est égal à 27 fois leur cube, et séparé de tout atelier ou de tout bâtiment d'habitation par un mur d'un mètre d'épaisseur, ou par deux murs dont la somme d'épaisseur est égale à 1 mètre et sans ouvertures, afin qu'en cas d'accident les éclats ne puissent pas mitrailler pour ainsi dire le voisinage. Les chaudières des locomotives étant traversées par un grand nombre de petits tubes à fumée de 50 millim. de diamètre environ, qui cèdent avant le corps cylindrique, les explosions sont presque toujours intérieures, et le pis qui puisse arriver dans ce cas, c'est que l'eau sorte abondamment et éteigne le feu quand on n'a pas le temps d'enfoncer des tampons en fer ou en bois aux extrémités du tube rompu ; il n'y a que le dôme qui puisse sauter.

La construction des chaudières de bateaux tient le milieu entre celle des chaudières fixes et celle des chaudières de locomotives ; mais leurs parois extérieures n'ayant pas la forme cylindrique sont moins résistantes que celles des locomotives. Depuis que les locomotives sont en usage, elles n'ont donné lieu qu'à trois ou quatre explosions ; les explosions des bateaux à vapeur sont beaucoup plus fréquentes.

Les chaudières doivent être munies d'un robinet d'introduction, d'un robinet de vidange, d'un robinet de prise de vapeur, d'un trou d'homme, qui permettent d'établir ou de suspendre à volonté l'arrivée de l'eau ou la sortie de la vapeur, de nettoyer et de visiter la chaudière.

Il faut en outre s'assurer que la grille, les carneaux, la cheminée, ont des sections et des dispositions convenables, que le tirage et la vaporisation se font bien.

Généralement les traités conclus avec les constructeurs spécifient la quantité de vapeur à produire dans une heure et la quantité maxima de combustible à brûler pour obtenir cette quantité de vapeur. La réception définitive des générateurs à vapeur ne peut donc se faire qu'après que des expériences sur ces différents points ont été faites contradictoirement par le constructeur et l'acheteur. La réception provisoire se fait au moment de la livraison.

Machines à vapeur.—La principale partie de la réception des machines à vapeur consiste dans la vérification des diverses parties du mécanisme, comme il a été dit plus haut, et en se conformant aux clauses spéciales du cahier des charges. Il faut en outre s'assurer que les différentes parties ont été bien montées, et que tous les appareils de sûreté et autres accessoires nécessaires pour le bon et légal emploi des machines ont été appliqués. Chaque cylindre et chaque tiroir doit être muni d'un robinet graisseur à deux clefs avec réservoir entre les deux, pour introduire de la graisse dans l'intérieur du cylindre derrière le piston, d'un presse-étoupe ou stuffing-box avec godet graisseur du côté de la tige du piston ; de plus, chaque cylindre doit être muni à sa partie inférieure de deux robinets *purgeurs* destinés à le *purger* de l'air, et de l'eau produite par la condensation de la vapeur.

Toutes les parties frottantes, coussinets, colliers d'excentriques, têtes de pistons, plongeurs de pompes, etc., doivent être surmontées de godets graisseurs, avec entonnoirs fixés à ces pièces et disposés pour leur porter l'huile à distance quand elles sont dans un endroit inaccessible.

Pour compléter la réception des machines à vapeur, il faut les faire travailler pendant un certain temps pour constater leur force et leur consommation. L'essai des locomotives se fait en remorquant un train dont on connaît le tonnage avec une certaine vitesse sur une longueur déterminée, comme 30 ou 40 kilomètres, ou en leur faisant parcourir cette même longueur sans train, mais avec leur vitesse maxima et constatant la dépense de combustible. Les locomotives à voyageurs seules doivent faire de 80 à 90 kilomètres à l'heure; sur la plupart des lignes, une machine à voyageurs doit pouvoir traîner, à une vitesse de 40 à 45 kilomètres, un convoi de douze wagons chargés, pesant 8,000 kilogrammes chacun et formant un poids total de 96,000 kilog. avec une dépense de coke de 10 kilog. par kilomètre ; et une machine à marchandise doit pouvoir traîner, à une vitesse de 30 kilomètres à l'heure, un convoi de 28 wagons pesant 10,000 kilog. tout chargés et formant un poids total de 280,000 kilog. avec une dépense de coke de 14 kilog. par kilomètre ; les machines à voyageurs à grande vitesse doivent traîner 12 wagons à une vitesse de 60 à 75 kilomètres. En même temps qu'on fait cet essai, on voit si les parties frottantes ne grippent pas, ne chauffent pas, ne ballottent pas, si les pompes fonctionnent bien, et enfin si la mise en service ne fait pas ressortir quelque défaut qui n'aurait pas été remarqué pendant la construction.

L'essai d'une machine à vapeur fixe, ainsi que celui d'une roue hydraulique ou d'une turbine, qui a les mêmes buts et les mêmes résultats que l'essai d'une locomotive, se fait soit en la faisant marcher avec tous les outils et métiers qu'elles sont destinées à mettre en mouvement lorsque le constructeur s'est engagé à leur donner la force nécessaire *pour faire marcher l'atelier*, soit en appliquant sur l'arbre principal un frein de Prony, et calculant la force par la formule : $T_m = 2\pi . n . f . F$, dans laquelle F représente la pression exercée sur l'arbre, f le coefficient de frottement qui dépend de la nature des substances, et n le nombre de tours que l'arbre fait par seconde.

Pour les machines fixes et les roues hydrauliques, il faut porter en outre la plus grande attention sur les fondations qui doivent être appareillées de manière que les efforts exercés sur les boulons de fondation soient détruits par la pesanteur.

La réception provisoire se fait ordinairement de suite après l'essai et l'autorisation donnée par le ministre, sur le rapport de l'ingénieur des mines dans la circonscription duquel le moteur est mis en mouvement.

Nous terminerons ce qui concerne la réception des machines par le cahier des charges dressé en 1844 pour la fourniture des machines locomotives dites machines Clapeyron, et approuvé par M. Dumont, ministre secrétaire d'État des travaux publics, par un extrait de l'ordonnance royale du 15 novembre 1845, concernant la police, la sureté et l'exploitation des chemins de fer, qui contient les principaux articles de ce cahier des charges; et enfin par un extrait du marché conclu avec MM...... pour la construction de douze machines Crampton.

MINISTÈRE DES TRAVAUX PUBLICS.

CHEMIN DE FER DE PARIS A LA FRONTIÈRE DE BELGIQUE.

Fourniture de Locomotives.

Cahier des charges de la fourniture de locomotives pour le chemin de fer de Paris à la frontière de Belgique.

ARTICLE 1.

Système général de la machine. — Les machines seront dans leurs formes, la disposition des chaudières, les conditions de vitesse et de dépense du combustible, et en général dans l'ensemble du mécanisme, analogues aux machines les plus récentes de M. Stephenson, et dites à cylindres extérieurs.

La transmission du mouvement des excentriques aux tiroirs se fera d'une manière directe, comme dans les dernières machines fournies par ce constructeur au chemin de fer de Paris à Orléans.

Les machines devront en outre être munies d'un mécanisme pour fermer à volonté l'introduction de la vapeur et travailler avec une expansion variable. Les limites de course du piston entre lesquelles les variations pourront s'opérer, seront réglées par l'administration sur la proposition du fabricant.

ART. 2.

Dans les 25 jours qui suivront l'adjudication, le fabricant sera tenu de communiquer à l'administration les plans généraux et les détails d'exécution des machines qu'il sera chargé de fournir.

Ces plans lui seront remis visés par l'administration, avec les modifications qu'elle aura jugé utile de prescrire.

ART. 3.

Cylindres. — Les cylindres auront au moins 36 centimètres ($0^m,36$) de diamètre et 56 centimètres ($0^m,56$) de course du piston. Ils seront placés extérieurement au corps de la chaudière et de la boîte à feu.

ART. 4.

Roues. — La machine sera à 6 roues.

Les roues motrices auront au moins $1^m,68$ de diamètre et au plus $1^m,70$. Les roues d'avant et d'arrière auront au moins $1^m,06$ et au plus $1^m,10$ de diamètre. Elles seront entièrement en fer forgé, à l'exception du moyeu, qui sera en fonte.

La jante des roues sera formée d'un seul cercle en fer forgé, ayant une épaisseur de $0^m,040$ au minimum. La largeur sera au moins de $0^m,13$; la jante sera tournée avec le plus grand soin, sur une inclinaison de $\frac{1}{20}$. Le cercle qui forme la jante sera en outre alésé intérieurement et mis à chaud sur la roue.

Les 6 roues porteront un rebord saillant de $0^m,0325$; la coupe du bandage sera conforme au profil, qui sera remis au fabricant par les soins de l'administration.

ART. 5.

Essieux. — Les essieux seront en fer fabriqué au charbon de bois, corroyé et martelé avec le plus grand soin; ils seront tournés sur toute leur longueur, mais la plus grande épaisseur enlevée au tour ne devra pas excéder $0^m,005$.

Les 3 essieux droits qui supportent la machine auront au moins $0^m,120$ au milieu et $0^m,150$ aux collets, c'est-à-dire aux parties qui s'engagent dans les moyeux des roues. Les raccordements des différents diamètres se feront graduellement, sans changement brusque et sans présenter aucun angle vif.

Le calage des essieux se fera contre un épaulement de $0^m,001$ à $0^m,002$ au plus de saillie; les collets seront tournés sur un diamètre un peu supérieur au diamètre intérieur de l'essieu, de manière que l'assemblage se fasse à frottement dur.

Les fusées des essieux auront $0^m,082$

de diamètre; elles seront arrondies sur les angles.

La longueur des essieux sera celle qui convient à une voie de 1m,44 de largeur entre les rails.

Art. 6.

Chaudière. — La partie cylindrique de la chaudière aura au moins 3m,60 de longueur et 1m,02 de diamètre. Elle contiendra au moins 121 tubes en laiton étiré, parfaitement cylindriques, de 0m,04 au moins et de 0m,05 au plus de diamètre intérieur.

Les deux faces planes qui reçoivent les extrémités des tubes seront reliées invariablement par des tirants en fer ou en cuivre rouge.

Le tuyau qui conduit la vapeur aux cylindres et celui qui la reçoit à la sortie de ces cylindres seront tous deux en laiton.

Les tuyaux pour la communication de la chaudière et du tender seront en laiton et munis de leurs articulations à genoux.

Les tubes, ainsi que les faces planes dans lesquelles ils seront assujettis, seront mandrinés.

Art. 7.

Boîte à feu. — La boîte à feu sera tout entière en cuivre rouge de première qualité, ayant au moins 0,0112 d'épaisseur dans les parties les plus minces, la face qui reçoit les tubes devant avoir 0m,024 d'épaisseur.

Art. 8.

Conditions de sûreté. — Chaque machine devra être pourvue d'un thermomanomètre, d'un tube indicateur, de deux robinets de jauge, de deux soupapes de sûreté et d'une rondelle fusible; la chaudière devra avoir l'épaisseur voulue par les règlements; elle devra porter le timbre poinçonné qui constate qu'elle a subi l'épreuve de pression; enfin elle devra satisfaire à toutes les conditions de sûreté déjà prescrites, ou qui, avant la livraison, viendraient à être légalement prescrites pour les machines à vapeur de cette sorte.

Art. 9.

Cheminée. — La cheminée n'aura pas plus de 4m,10 au-dessus de la surface des rails.

Elle sera munie d'un appareil pour faire varier à volonté la section du tuyau d'échappement.

Elle devra être également munie d'un appareil propre à empêcher la projection des flammèches.

Art. 10.

Pièces diverses et pièces de rechange. — La machine sera munie de toutes les pièces de mécanisme et de tous les accessoires nécessaires pour la mettre en bon état de service, tels que tiroirs, excentriques, leviers pour changements de direction, siphons à huile, niveau d'eau avec robinet, ressorts de choc et de traction, chasse-pierres, heurtoirs, cendriers, ressorts de suspension, conformes aux plus récents perfectionnements, pompes alimentaires et tuyaux de liaison de la machine au tender, sifflet à vapeur, revêtement en bois d'acajou verni, garnitures en cuivre poli pour les soupapes, le trou d'homme et les angles de la boîte à feu, tablette portant le nom de la machine, approvisionnement de clefs en fer, assorties pour tourner les écrous et toutes les vis de la machine, etc.

Le cendrier aura une ouverture unique que l'on pourra faire varier à l'aide d'un mécanisme à la disposition du mécanicien.

La distance entre les centres des heurtoirs et leur hauteur au-dessus des rails seront déterminées par l'administration, sur le vu des plans à fournir par le fabricant.

Le fabricant fournira les pièces de rechange suivantes :

1° Cinq essieux droits;

2° Trois paires de roues motrices ajustées et clavetées sur leurs essieux;

3° Cinq paires de petites roues montées sur leurs essieux;

4° Deux paires de bielles avec quatre coussinets en sus de ceux qui seront adaptés à ces bielles;

5° Trois paires de pistons avec tringles;

6° Deux cents tubes à air chaud, en cuivre, soudés et mandrinés;

7° Trois cents viroles en acier, dont deux cents pour la boîte à feu et cent pour la boîte à fumée.

Ces pièces de rechange seront exactement semblables aux pièces analogues des locomotives auxquelles elles seront destinées.

Art. 11.

Puissance de la machine. — La machine sera d'une puissance suffisante pour monter, par un temps calme, sur une rampe de $0^{m},003$ par mètre, un train de voitures ou wagons ayant un poids de 60 tonnes de 1,000 kilogrammes avec une vitesse de 40 kilommètres à l'heure, l'adhérence des roues motrices sur les rails étant supposée égale au dixième du poids qui les charge, et la pression effective dans la chaudière n'excédant pas $3^{kil.},50$ par centimètre carré.

ART. 12.

Uniformité d'exécution. — Toutes les parties des machines à exécuter conformément au marché seront faites exactement sur le même modèle et les mêmes dimensions, de telle sorte que toute pièce destinée à une machine puisse s'adapter avec précision à l'une quelconque des autres.

ART. 13.

Modifications éventuelles. — Tous les détails de l'organisation du mécanisme seront établis d'après les perfectionnements les plus récents.

En cours d'exécution, l'administration aura le droit de réclamer l'introduction dans le système général ou dans les détails de la construction des machines tel perfectionnement ou modification utile qui pourrait être reconnu ou inventé.

Dans ce cas, le fabricant sera obligé de faire droit à cette demande, sauf règlement, s'il y a lieu, de la différence de prix.

ART. 14.

Conditions de la bonne exécution. — Tous les matériaux employés à la construction seront de la meilleure qualité et de premier choix. L'exécution devra être égale sous tous les rapports à celle des machines provenant des ateliers les mieux organisés d'Angleterre.

L'administration pourra, pour s'assurer de la qualité des matériaux et de la bonne exécution des machines, procéder à toutes les épreuves qui lui paraîtront nécessaires, et les frais auxquels ces épreuves donneront lieu seront à la charge du fabricant.

En ce qui touche les essieux spécialement, il devra être ménagé à leurs extrémités un bouton métallique dont la cassure servira à faire apprécier la qualité du métal. Dans le cas où le grain du fer ou la modicité de l'effort nécessaire pour la rupture ferait douter de la qualité de l'essieu, cet essieu serait rejeté et le fabricant serait tenu de le remplacer sans aucune augmentation de prix.

ART. 15.

Réception des machines. — Les machines seront livrées sur la ligne du chemin de fer, montées et prêtes à marcher; les épreuves nécessaires pour vérifier la puissance définie à l'art. 11 et les conditions de bonne exécution seront faites sur la ligne même du chemin ou sur une autre ligne voisine qui serait pour cet usage à la disposition de l'administration, aux frais et par les soins du fabricant, et en présence des ingénieurs chargés de la réception.

ART. 16.

Garantie du fabricant. — Indépendamment de ces essais, le fabricant restera garant de ses machines pendant les 6,000 premiers kilomètres qu'elles feront en service. Pendant ce délai de garantie, toute disposition du mécanisme qui serait reconnue vicieuse ou insuffisante sera changée, et toute pièce qui viendrait à se rompre ou à s'altérer par défaut de qualité de la matière ou par vice de disposition sera remplacée, le tout aux frais du fabricant, que ces changements ou remplacements aient lieu ou non par ses soins.

ART. 17.

Époque de la livraison. — Les machines seront livrées sur la ligne du chemin de fer : la première, cinq mois après la conclusion du marché; la seconde et la troisième, un mois plus tard, et les suivantes à raison de trois par mois jusqu'à l'entière réalisation dudit marché.

Faute par le fabricant d'avoir effectué les livraisons aux époques prescrites ci-dessus, il lui sera retenu, lors du règlement de son compte, à titre d'indemnité, pour chaque machine en retard, 40 francs par jour de retard pour le premier mois; au delà d'un mois, 60 francs par jour de retard jusqu'à deux mois; et au delà de deux mois, 80 francs par chaque jour de retard, et ce indépendamment de la résiliation du marché et de l'adjudication à la folle enchère qui pourront être prononcées.

Art. 18.

Mode de payement. — Le prix dû au fabricant lui sera payé : un tiers lorsque les machines seront à moitié construites, un tiers lors de la livraison, et le dernier tiers après la réception définitive, c'est-à-dire après l'expiration du délai de garantie stipulé à l'art. 16.

Art. 19.

Le nombre des machines à fournir sera de trente-quatre.

Elles seront divisées en trois lots qui ne pourront être réunis, savoir : deux de douze machines chacun, pour la partie du chemin comprise entre Paris et Amiens, et le troisième, de dix machines, pour la partie du chemin comprise entre Arras, Lille et Valenciennes.

Chaque machine sera accompagnée de son tender. Les tenders seront exécutés conformément au dessin qui sera remis au fabricant : ils devront porter une caisse à eau d'au moins 4 mètres cubes de capacité, avec filtre et couvercle en cuivre rouge.

L'attelage des tenders aux machines s'opèrera au moyen d'un ressort dont on pourra faire varier la tension à volonté.

Art. 20.

Les articles 12 à 19 du présent cahier des charges seront également applicables à la fabrication des tenders.

Art. 21.

Conditions générales. — Le fabricant sera soumis d'ailleurs aux clauses et conditions générales arrêtées, le 25 août 1833, par M. le directeur général des ponts et chaussées et des mines, pour les entrepreneurs de travaux de ponts et chaussées, en tout ce qui ne serait pas contraire aux clauses particulières du présent cahier des charges.

Approuvé.

Paris, le 9 septembre 1844.

Le ministre secrétaire d'État des travaux publics,

Signé S. Dumont.

Extrait de l'ordonnance de Louis-Philippe, du 15 novembre 1845, concernant la Police, la Sûreté et l'Exploitation des chemins de fer.

TITRE 2, Art. 7.

Les machines locomotives ne pourront être mises en service qu'en vertu de l'autorisation de l'administration, et après avoir été soumises à toutes les épreuves prescrites par les règlements en vigueur.

Lorsque, par suite de détérioration ou pour toute autre cause, l'interdiction d'une machine aura été prononcée, cette machine ne pourra être remise en service qu'en vertu d'une nouvelle autorisation.

Art. 8.

Les essieux des locomotives, des tenders et des voitures de toute espèce, entrant dans la composition des convois de voyageurs ou dans celle des trains mixtes de voyageurs et de marchandises allant à la grande vitesse, devront être en fer martelé du premier choix.

Art. 9.

Il sera tenu des états de service pour toutes les locomotives. Ces états seront inscrits sur des registres qui devront être constamment à jour et indiquer à l'article de chaque machine la date de sa mise en service, le travail qu'elle a accompli, les réparations ou modifications qu'elle a reçues et le renouvellement de ses diverses pièces.

Il sera tenu, en outre, pour les essieux de locomotives, tenders et voitures de toute espèce, des registres spéciaux sur lesquels, à côté du numéro d'ordre de chaque essieu, seront inscrits sa provenance, la date de sa mise en service, l'épreuve qu'il peut avoir subie, son travail, ses accidents et ses réparations ; à cet effet, le numéro d'ordre sera poinçonné sur chaque essieu.

Les registres mentionnés aux deux paragraphes ci-dessus seront représentés, à toute réquisition, aux ingénieurs et agents chargés de la surveillance du matériel et de l'exploitation.

Art. 10.

Il est interdit de placer dans un convoi contenant des voitures de voyageurs aucune locomotive, tender ou autre voiture d'une nature quelconque montés sur des roues en fonte.

Toutefois le ministre des travaux

publics pourra, par exception, autoriser l'emploi des roues en fonte, cerclées en fer, dans les trains mixtes de voyageurs et de marchandises, et marchant à la vitesse d'au plus 25 kilomètres à l'heure.

ART. 14.

Les locomotives devront être pourvues d'appareils ayant pour objet d'arrêter les fragments de coke tombant de la grille et d'empêcher la sortie des flammèches par la cheminée.

ART. 15.

Les locomotives, tenders et autres voitures de toute espèce devront porter : 1° le nom ou les initiales du nom du chemin de fer auquel ils appartiennent ; 2° un numéro d'ordre. Les voitures de voyageurs porteront en outre l'estampille délivrée par l'administration des contributions indirectes. Ces diverses indications seront placées d'une manière apparente sur la caisse ou sur les côtés du châssis.

ART. 16.

Les locomotives, tenders et autres voitures de toute espèce et tout le matériel d'exploitation seront constamment maintenus dans un bon état d'entretien.

La compagnie devra faire connaître au ministre des travaux publics les mesures adoptées par elle à cet égard, et en cas d'insuffisance, le ministre, après avoir entendu les observations de la compagnie, prescrira les dispositions qu'il jugera nécessaires à la circulation.

Extrait du marché conclu avec MM. ..... pour la construction de douze machines Crampton.

ART. 2.

Ces machines seront à 6 roues.

Les cylindres auront 0m,400 de diamètre intérieur.

La course des pistons sera de 0m,550.

Le diamètre des roues motrices sera de 2m,100.

L'épaisseur des tôles de la chaudière sera conforme aux prescriptions de l'administration, avec la tolérance de 1/4 en moins admise pour les chaudières de machines locomotives.

L'épaisseur des tôles de la partie correspondante à la boite à feu sera de 0m,012.

La boîte à feu intérieure sera en cuivre rouge de la première qualité, d'une épaisseur de 0m,012, à l'exception de la plaque de devant qui aura 0m,025 à l'endroit des tubes.

La chaudière contiendra 178 tubes en laiton de première qualité de 0m,050 de diamètre extérieur.

La machine sera munie de ses tuyaux et rotules pour l'alimentation, de deux robinets et de deux tuyaux réchauffeurs, d'un tube et de robinets indicateurs de niveau d'eau et de tous les appareils de sûreté prescrits par la police, manomètre, etc., etc.

La chaudière et les cylindres devront être timbrés à 6 atmosphères.

La chaudière, les cylindres et les conduits de vapeur seront garnis d'une double enveloppe en acajou.

Les machines auront un cendrier, une grille dans la boîte à fumée, un couvercle à la cheminée, un tuyau d'échappement variable, une barre d'attelage à la traverse d'avant, et seront livrées complètes avec tous leurs accessoires, y compris un assortiment de clefs en fer pour tourner les écrous et les vis de la machine, tablettes portant le nom de la machine, tablettes pour son numéro d'ordre, etc., etc.

La machine devra être munie de tous les appareils servant à la bonne marche et dont l'indication pourrait être omise dans le présent traité et sur le plan annexé, mais dont l'emploi serait jugé utile nonobstant l'approbation donnée aux dessins de détail par la compagnie ; les conséquences d'erreur de dessin ou de cotes qui auraient échappé pèseront exclusivement sur le constructeur.

On devra, dans l'exécution des plans de détails, se proposer de diminuer autant que possible les poids inutiles ; dans ce but, la fonte de cuivre sera substituée à la fonte de fer partout où cette mesure pourra contribuer à alléger et simplifier les appareils, comme dans les boîtes à graisse et les tuyaux d'échappement.

ART. 3.

Tous les matériaux seront de la meilleure qualité et de premier choix.

ART. 4.

Les essieux seront en fer au bois, affiné au bois et corroyé, les bandages devront provenir des usines de Lowmoor, ou de toute autre provenance qui serait jugée équivalente par la compagnie.

ART. 5.

Toutes les parties des machines à

exécuter seront faites exactement sur le même modèle et les mêmes dimensions, de sorte que toute pièce destinée à une machine puisse s'adapter à l'une quelconque des autres; en conséquence **MM.** .... se conformeront rigoureusement aux plans et aux calibres qu'ils auront fait approuver par la compagnie.

Le prix de chaque machine est fixé à ....

Tenders. — Il y a cinq points principaux à examiner dans les tenders, outre les prescriptions de l'ordonnance du 15 novembre 1845 précitée à l'article des machines à vapeur et la conformité avec les plans : la chaudronnerie, l'appareil d'alimentation, l'attelage, la suspension, le frein et la peinture.

En ce qui concerne la chaudronnerie, il faut que les tôles soient bien rivées, bien croisées, comme il a été dit à l'occasion des chaudières; il faut que les tirants d'armature qui consolident les panneaux soient disposés de manière qu'on puisse circuler facilement même dans les galeries latérales s'il s'en trouve pour visiter les soupapes des tuyaux de prise d'eau.

L'appareil d'alimentation comprend les rotules, les soupapes et les tuyaux de prise d'eau. Il faut que les rotules soient suspendues au moyen d'un appareil à ressort dont la flexibilité rachète les différences de hauteur entre les machines et les tenders, que la genouillère soit parfaitement rodée, de manière à ne pas laisser la moindre fuite, tout en permettant à la rotule de s'incliner dans tous les sens, et que le diamètre extérieur du plongeur soit rigoureusement égal au diamètre intérieur du stuffing-box de l'entonnoir. On a reconnu dans ces derniers temps, au chemin de fer du Nord, que l'entonnoir doit être monté après la machine et le plongeur après le tender, afin de s'opposer à l'entrée de la poussière qui altère si rapidement les appareils. Les orifices d'introduction d'eau doivent en outre être munis de paniers en cuivre rouge percés de petits trous destinés à arrêter les grains de sable ou autres corps capables d'engorger les tuyaux, les soupapes, etc. Il est nécessaire que ces paniers soient en cuivre rouge; comme ils sont alternativement plongés dans l'eau et exposés à l'air, ils s'altèrent très-rapidement quand ils sont en tôle. On doit s'assurer que les soupapes de prise d'eau se ferment hermétiquement et que les pompes ne donnent pas quand les soupapes sont fermées.

Il faut que les tampons de pression soient bien égaux entre eux de manière que l'un ne bute pas quand l'autre serait encore à une certaine distance de la machine. La suspension doit être telle que le tendeur ou la barre d'attelage s'engage naturellement dans les sabots destinés à les recevoir sur la machine et que la traction se fasse bien horizontalement; il faut en outre que le tablier du tender soit à la même hauteur que celui de la machine : il en résulte que la suspension doit être variable afin qu'on puisse la régler à volonté pour racheter l'usure des roues ou toute autre cause de différence de hauteur.

Les inspecteurs chargés de surveiller la réception doivent rappeler ces considérations aux ingénieurs qui font les études.

Les freins les plus généralement employés aujourd'hui consistent simplement dans un arbre horizontal portant cinq manivelles ou leviers, emmanché à ses deux extrémités dans des longerons en fer solidement fixés aux boîtes à graisse, qui reçoit le mouvement d'un cric à l'aide d'une grande tringle horizontale de traction articulée avec l'une de ses manivelles, et qui le transmet à quatre sabots guidés par les longerons pressant sur les quatre roues, à l'aide de petites bielles de pression articulées avec les quatre autres manivelles. Il faut s'assurer que tous les sabots serrent en même temps sur les roues, que les guides sont bien ajustés sur les longerons, que la tige à manivelle qui fait marcher le cric est bien verticale, que la position des leviers qui correspond au milieu de la course est perpendiculaire aux bielles de pression, de manière que la décomposition des forces en fasse perdre le moins possible et que l'effort exercé par les garde-freins soit bien utilisé, que les griffes ou les entretoises qui fixent les longerons aux boîtes à graisse ne leur laissent aucun jeu et ne risquent pas de se démancher par suite d'un effort un peu considérable : il faut les faire fonctionner plusieurs fois pour les essayer.

Ces freins, quand ils sont bien exécutés et bien manœuvrés, permettent d'arrêter en 200^{m} une machine et son tender lancés à la vitesse ordinaire de 40 kilomètres à l'heure; on peut également arrêter un train sur cette distance lorsque le tiers ou le quart des voitures qui le composent sont munies de freins. Il est nécessaire de monter sur les longerons des arrêts pour que les garde-freins ne puissent pas les desserrer plus qu'il n'est utile, ce qui apporterait du retard dans l'arrêt du convoi.

Pour que la peinture soit bonne et durable, il faut que la tôle soit préalablement bien planée, épaillée et poncée de manière à enlever complétement les aspérités et les scories qui se trouvent sur la tôle brute et qui enlèvent la peinture an se détachant; il faut de plus que toutes les faces soient recouvertes d'une épaisse couche de minium ou de céruse à l'huile qui adhère parfaitement à la tôle et la masque complétement, et ensuite, après que cette couche a eu le temps de sécher parfaitement, d'une ou de deux autres couches de peinture grise ou verte.

Chaque tender fait un voyage d'essai avant sa réception provisoire.

Voitures et Wagons. — Les conditions générales imposées par l'ordonnance du 15 novembre 1845 sont les suivantes :

TITRE 2. Art. 12.

Les voitures destinées au transport des voyageurs seront d'une construction solide; elles devront être commodes et pourvues de tout ce qui est nécessaire à la sûreté des voyageurs.

Les dimensions de la place affectée à chaque voyageur devront être d'au moins $0^m,45$ en largeur, $0^m,65$ en profondeur et $1^m,45$ en hauteur; cette disposition sera appliquée aux chemins de fer existants dans un délai qui sera fixé pour chaque chemin par le ministre des travaux publics.

Art. 13.

Aucune voiture à voyageurs ne sera mise en service sans une autorisation du préfet, donnée sur le rapport d'une commission constatant que la voiture satisfait aux conditions de l'article précédent.

L'autorisation de mise en service n'aura d'effet qu'après que l'estampille prescrite pour les voitures publiques par l'art. 117 de la loi du 25 mars 1817 aura été délivrée par le directeur des contributions indirectes.

Art. 14.

Toute voiture de voyageurs portera dans l'intérieur l'indication apparente du nombre des places.

Dans les dernières concessions faites par l'Assemblée nationale aux compagnies des chemins de fer de Tours à Nantes et d'Orléans à Bordeaux, il a été stipulé que les baies de troisième classe seraient fermées par des châssis vitrés, et il a été accordé par compensation une prolongation de concession.

Il n'y a pas de prescriptions relatives aux wagons à marchandises : chaque compagnie est libre de les disposer comme elle l'entend.

Les ferrures de voitures et wagons se partagent en quatre catégories principales : les freins, auxquels on peut appliquer tout ce qui a été dit relativement aux freins de tenders ; l'appareil de suspension, l'appareil de traction et les pièces d'assemblage, comme boulons, harpons, équerres, plates-bandes, etc., dont la réception a été suffisamment détaillée à l'occasion des pièces détachées. Il n'y a qu'une observation à faire relativement aux tampons, c'est qu'ils doivent être montés de manière que le choc en se transmettant de proche en proche à tous les wagons s'exerce sur les tiges de tampons ou sur les brancards dans le sens du bois, pour éviter la dislocation des assemblages et des diverses parties de la charpente.

La charpente est, après les freins, la partie la plus délicate de la réception des wagons, et elle est la plus importante. Elle exige plus de soin et de précision que les ferrures elles-mêmes : non-seulement il faut que les bois soient parfaitement secs et parfaitement sains, qu'ils soient exempts d'aubier et qu'ils ne présentent aucun des défauts signalés précédemment, que les parties courbes soient obtenues avec du bois de fil cintré et non pas avec du bois découpé, mais il faut que les sections soient bien celles demandées, que les assemblages n'aient aucun jeu et soient bien consolidés par des équerres, des plates-bandes, des harpons, des boulons, etc. ; il importe que la forme des moulures, l'épaisseur des tenons et des mortaises soient parfaitement exactes, afin que les bas d'âne, burins et autres pièces formant l'outillage des ateliers de la compagnie puissent servir aux réparations aussi bien qu'aux constructions neuves. La largeur des tenons peut être un peu plus forte que celle de leurs mortaises de manière à obtenir du serrage, c'est même une bonne chose; mais l'épaisseur doit être parfaitement exacte, de manière à ne pas faire éclater les pièces. Il ne faut jamais qu'ils soient chevillés avec des clous qui ne peuvent pas se retirer, mais avec des chevilles en bois qui peuvent se couper lorsque l'on vient à démonter des pièces pour faire des réparations; on doit se défier de la tendance qu'ont les constructeurs à réduire leur longueur pour pouvoir employer des pièces plus courtes : cela diminue beaucoup la force des assemblages. Il faut se défier également de la tendance qu'ils ont, après la conclusion des marchés, à faire supprimer des ferrures sous prétexte d'alléger les caisses, mais en réalité pour diminuer leur travail et augmenter leurs bénéfices d'une manière peu équitable. Pour préserver les assemblages de l'échauffement et de la pourriture, on les recouvre de peinture ou on les immerge dans une préparation préservatrice avant de les emmancher.

Les caisses, quoique mobiles et pouvant à volonté changer de châssis, doivent être parfaitement dressées de manière qu'il ne reste pas de jeu entre leurs traverses et celles du châssis.

Dans les wagons à voyageurs, les brancards du châssis s'assemblent dans les traverses extrêmes qui sont surmontées de tampons de choc sur le prolongement des brancards; dans les wagons à marchandises, au contraire, ce sont les traverses qui s'assemblent dans les brancards, et les extrémités de ceux-ci servent de tampons et reçoivent directement le choc. Cette disposition est moins bonne que la première; les frais d'établissement sont, il est vrai, moins considérables, mais les chocs étant plus secs, le matériel et les marchandises éprouvent des avaries plus graves et les réparations sont plus coûteuses. Sans appliquer un appareil complet de choc avec tampons et grands ressorts, on prend quelquefois un moyen terme et l'on applique à l'extrémité des brancards des tampons en caoutchouc.

Pour que la carcasse de la caisse soit solide, il faut que ce soient les pieds corniers qui reçoivent les tenons des brancards et des traverses extrêmes; on consolide l'assemblage par des équerres en fer plat qui retiennent à la fois les trois pièces. Quand, au contraire, ce sont les brancards ou les traverses qui reçoivent les pieds corniers, les équerres n'embrassent pas les pieds corniers, qui ne résistent alors que par leurs tenons.

Dans les portes, les traverses doivent présenter à leurs deux extrémités des tenons qui s'emmanchent dans les pieds, de manière qu'elles soient supportées par le pied fixe et qu'elles portent le pied mobile; les assemblages des angles doivent être consolidés par de petites équerrres plates en tôle qu'on noie ordinairement dans le bois; enfin, lorsque les portes éprouvent assez de fatigue pour qu'il faille les consolider avec des contre-fiches, ces contre-fiches doivent reposer à la partie inférieure sur le pied qui reçoit les charnières et supporter à l'autre bout l'extrémité des traverses supérieures. Pour que la fermeture se fasse bien, il faut que le pied mobile de la porte et le pied d'entrée de la caisse soient taillés obliquement.

Dans tous les wagons à voyageurs et dans ceux à marchandises, pour lesquels on n'emploie pas de bâches, la couverture doit être parfaitement imperméable à l'eau; on la fait généralement en zinc. Il faut s'assurer que les feuilles sont bien du numéro demandé, ont une épaisseur suffisante, que les soudures sont bonnes, et de plus que les rigoles ou gouttières ont une inclinaison suffisante pour conduire l'eau aux goulottes. Le zinc a l'inconvénient de travailler par les variations de température, et il en résulte des fuites aux soudures. On a essayé depuis quelque temps, au chemin d'Orléans et à celui de Boulogne, de substituer des toiles enduites d'huile de lin bouillante et rendue siccative et couvertes de peinture ou de sable.

Il faut s'assurer s'il n'y a pas de voliges disjointes ou fendues, si les ventilateurs, les stores, les rideaux, les châssis de baies et de portières des voitures à voyageurs fonctionnent bien.

Il faut aussi s'assurer que la peinture et la garniture sont bien faites; que les couleurs et les teintes sont conformes à celles demandées, qu'elles ne sont pas appliquées trop rapidement au risque de se gercer, de se cloquer, de s'écailler; que les draps, la passementerie sont bien de la qualité exigée; que les proportions de crin et d'étoupe sont celles convenues; que le crin n'est pas de qualité inférieure et par petits bouts : conditions dont on ne peut s'assurer qu'en surveillant la construction dans les ateliers mêmes du constructeur.

Nous terminerons ce qui a rapport aux voitures et wagons par la spécification annexée au marché passé avec MM......, pour la construction de dix voitures de troisième classe à voyageurs sur des châssis de trucks à équipages.

Spécification pour la construction de dix caisses de voitures a voyageurs de troisième classe avec galerie a bagages montées sur chassis de trucks a équipages.

La présente spécification a pour objet la construction des voitures et le complet achèvement des wagons; elle comprend menuiserie, ferrage, couverture, pose des lampes d'intérieur, fourniture des palettes de marchepied, fourniture et pose des rideaux, des courroies de bâchage, des équerres d'assemblage, des brancards du châssis avec les traverses du milieu, montage de la caisse sur le châssis, pose des supports de marchepied, peinture et vernissage de la caisse et du châssis.

Description sommaire et dimensions principales.

Ces caisses forment un seul compartiment pouvant contenir trente-cinq voyageurs sur sept banquettes transversales; elles ont quatre portières sur chaque face; elles sont couvertes et bordées d'une corniche pour conduire les eaux vers les extrémités; elles sont fermées aux deux bouts par deux panneaux pleins, et sur les côtés par des panneaux pleins et par des rideaux; il n'y a pas de garniture intérieure; elles sont éclairées par deux lampes fixées dans le pavillon.

Elles portent sur le pavillon une galerie destinée au chargement des bagages et des courroies pour retenir les bâches.

Elles sont munies à la partie supérieure de quatre porte-lanternes fixés par des boulons, et à la partie inférieure de quatre crochets de levage fixés aux brancards par des boulons; elles portent à chaque angle une poignée fixée au pied cornier et destinée à faciliter le passage d'une voiture à une autre.

Les grandes palettes de marchepied seront prolongées en conséquence jusqu'au dehors des contre-tampons.

(Les dimensions principales viennent ensuite.)

La charpente de la caisse se compose : d'un cadre formé de deux brancards et de deux traverses assemblés à tenons et mortaises dans quatre pieds corniers à leur partie inférieure, et de six traverses intermédiaires assemblées à tenons et mortaises dans les brancards.

Les pieds corniers reçoivent à leur partie supérieure à tenons et mortaises deux battants de pavillon et deux traverses courbes; les assemblages des battants de pavillon et des traverses extrêmes sont consolidés par des harpons qui ont les écrous noyés dans le bois et par des plates-bandes à talon.

Les brancards et les battants de pavillon reçoivent, à tenons et mortaises, l'assemblage de seize pieds d'entrée, dont l'assemblage est consolidé dans les brancards par des harpons.

Les traverses extrêmes reçoivent, à tenons et mortaises, l'assemblage de six pieds de bout consolidés par des harpons et de huit faux pieds.

Dans chacun des quatre pieds d'entrée extrêmes et dans les pieds corniers s'assemblent, à tenons et mortaises, quatre petites traverses ainsi qu'une contre-fiche qui est simplement embreuvée et fixée par des vis. Dans chacun des huit pieds d'entrée intermédiaires s'assemblent, à tenons et mortaises, trois petites traverses et une traverse inférieure de baie; ils sont de plus entretoisés entre eux par une croix de Saint-André, assemblée à embreuvement et fixée par des vis. Dans chacun des deux pieds d'entrée du milieu s'assemblent, à tenons et mortaises, quatre petites traverses. Dans les pieds de bout s'assemblent également seize petites traverses qui s'entaillent à mi-bois dans les faux pieds. Toutes les traverses, les contre-fiches, les faux pieds sont destinés à soutenir les panneaux intérieurs et extérieurs, et à recevoir les clous qui les fixent.

Les traverses supérieures se composent d'une partie des petites traverses décrites plus haut : elles servent à remplir le vide laissé par les panneaux intérieurs et les panneaux extérieurs qui forment la frise de la corniche, et à les consolider : il n'en existe pas à l'aplomb des portières.

Chaque portière se compose de deux montants dans lesquels s'assemblent, à tenons et mortaises, cinq traverses; les traverses supérieures et les traverses inférieures sont de plus réunies aux montants par des équerres; un faux pied servant à soutenir les panneaux intérieurs et extérieurs s'assemble, à tenons et mortaises, dans les traverses inférieures et intermédiaires.

Les parcloses sont au nombre de cinq, trois simples et deux doubles, formant sept banquettes; elles sont soutenues dans leur largeur par trois chevalets simples ou doubles, suivant la nature de la parclose. Les parcloses des banquettes sont assemblées entre elles à rainures et languettes. Les dossiers sont à claire-voie, se composent de montants assemblés à tenons et mortaises à la partie inférieure dans les patins des chevalets, à la partie supérieure dans un chapeau servant de barre d'appui : un de ces chapeaux s'assemble, à tenons et mortaises, dans les pieds d'entrée ; les deux autres s'assemblent dans les faux pieds disposés à cet effet. Tous ces dossiers sont consolidés par des équerres.

Les courbes de pavillon, au nombre de onze, s'assemblent, à embrèvement et à talon, dans les battants de pavillon auxquels elles sont fixées par des vis et de deux en deux par des équerres.

Le plancher est fixé dans une feuillure pratiquée sur tout le pourtour du cadre, dans les traverses extrêmes; il repose sur les traverses intermédiaires ; les planches sont assemblées entre elles à rainure et languette.

La couverture du pavillon et les doublures intérieures des panneaux et des portières seront en voliges refendues, assemblées à rainure et languette, à joints indiqués et placés dans le sens longitudinal pour le pavillon et dans le sens horizontal pour les doublures.

La galerie à bagages fait partie du pavillon; elle est formée d'un cadre fixé aux courbes de pavillon, et se compose, dans le sens transversal, de deux parties pleines en bois, dans le sens longitudinal de deux mains courantes en fer : sur ces mains courantes sont montées quatre courroies mobiles entre les points d'appui. Le zinc du pavillon est protégé par une claie en bois convenablement ferrée.

Les grandes palettes de marchepied sont bordées d'un bourrelet.

Quincaillerie et accessoires.

Chaque portière s'ouvrira de gauche à droite; elle sera montée sur trois charnières en cuivre, fondues sur les modèles adoptés par la compagnie; elles seront garnies de recouvrement jusqu'à la frise des baies, et munies d'un loqueteau à ressort avec poignée monté à l'extérieur.

La hauteur de l'axe des poignées est de $0^m,650$ à partir de la face inférieure des brancards.

Le pied d'entrée portera une contre-poignée et la gâche du loqueteau.

La gâche du loqueteau est fixée par des boulons.

Les baies seront garnies de rideaux en toile convenablement ourlés et bordés; ils seront mobiles sur tringles en fer montées sur les traverses supérieures des baies.

Les rideaux de portières seront guidés par deux tringles montées sur les traverses supérieures et inférieures de baies, auront quatorze anneaux répartis sur deux rangs. Ceux des baies fixes auront dix anneaux sur un seul rang, ils seront en outre munis de pattes en buffle avec boutonnières. Aux rideaux de portières les boutonnières seront pratiquées dans les bordures.

Les courroies de la galerie à bagages sont en deux parties, montées sur les deux mains courantes : sur l'une sont les contre-sanglons, sur l'autre les sanglons. Les contre-sanglons ont $0^m,620$ de longueur; les sanglons ont $2^m,500$ de longueur, et sont percés de vingt-quatre trous sur une longueur de $1^m,200$. Elles sont toutes les huit cousues en place entre chaque support sur une bague en tôle, enroulée dans les mains courantes avec un jeu suffisant pour leur permettre de glisser sans résistance.

Conditions générales.

Toutes les caisses doivent pouvoir se monter indistinctement sur tous les châssis, après lesquels elles sont fixées par quatre boulons de $0^m,020$ de diamètre, qui assemblent deux des traverses intermédiaires du cadre de la caisse avec deux entretoises en fer plat qui font partie du châssis; les traverses de la caisse sont garnies à la partie inférieure de plates-bandes en fer.

La position des traverses de la caisse, ainsi que celle des entretoises du châssis, doit donc être rigoureusement observée.

Les boulons sont placés aux quatre angles d'un parallélogramme, ayant $3^m,270$ de longueur et $2^m,077$ de largeur, c'est-à-dire $1^m,635$ à droite et à gauche de l'axe transversal, et $1^m,0385$ à droite et à gauche de l'axe longitudinal.

Les cotes principales de la charpente, les dimensions des tenons, l'essence des bois et le nombre des pièces de ferrures sont indiqués dans les nomenclatures.

Les panneaux extérieurs sont en tôle; ils seront planés avec soin, de manière à présenter en place une surface bien unie; ils seront affranchis avec soin, limés sur tous les bords, et cloués de façon que les baguettes et les recouvrements ne laissent jamais apparentes les lignes des clous. Les panneaux de la frise du pavillon seront seuls en bois.

Le voligeage du pavillon sera recouvert en zinc, les feuilles seront soudées avec le plus grand soin entre elles, et aux ferrures du cadre à bagages qui traversent le pavillon; elles seront clouées sur les bords extérieurs de la corniche après avoir suivi les contours de la gorge qui forme l'égout.

Pour permettre les dilatations et les contractions, elles seront embouties sur quatre diagonales en relief sur le pavillon.

La gorge de la corniche aura une double pente sur la longueur, et l'écoulement des eaux se fera au moyen de quatre gouttières soudées aux quatre angles du pavillon.

La charpente sera équarrie à vive arête, dressée et corroyée sur toute la surface; l'assemblage et le montage devront être faits avec le plus grand soin, particulièrement en ce qui concerne les pièces destinées à fixer la position des essieux.

Tous les tenons seront chevillés; les chevilles seront en chêne de 0m,008 au plus de diamètre; les clous et les pointes seront proscrits d'une manière absolue.

Les tenons doivent entrer à frottement dur dans les mortaises.

Les dimensions portées sur les plans doivent être suivies exactement.

Les différentes parties de la charpente et les pièces de ferrures seront calibrées pour pouvoir se monter indistinctement sur toutes les caisses, et servir de rechange les unes aux autres.

En conséquence, le constructeur disposera des gabarits dont les dimensions seront vérifiées par les agents de la compagnie.

Toutes les pièces de ferrures et les équerres seront à congés, bien forgées et chanfreinées à la lime.

Les pièces de fonte seront ébarbées et limées.

Les têtes des boulons placées à l'intérieur seront en goutte de suif et à collet carré; le serrage des écrous se fera sur le bois par l'intermédiaire d'une rondelle en tôle.

Les têtes des boulons devront être refoulées sans soudure.

Les écrous, faits à l'emporte-pièce, seront forgés avant le taraudage; ils seront réguliers et taraudés avec soin, de telle sorte qu'un écrou puisse se monter indistinctement sur tous les boulons de même diamètre en donnant un serrage facile et sans jeu.

Tous les pas de vis doivent être pris dans la série qui a été préparée par la compagnie et dont les mères seront achetées par le constructeur chez M. ...., s'il ne justifie d'en avoir d'identiques dans sa possession.

Pour faciliter le classement des pièces de ferrures, elles porteront toutes leur numéro d'ordre frappé au poinçon à la place indiquée sur les plans; les boulons porteront leur numéro poinçonné sur la tête.

La caisse recevra de chaque côté sur le chanfrein du brancard et au milieu une plaque en cuivre portant le nom du constructeur; elle portera en outre le nom de la compagnie, le numéro d'ordre du wagon et diverses inscriptions, comme il est indiqué à l'article peinture et conservation.

La compagnie fournit au constructeur les châssis complets, les lampes d'intérieur et les bâches destinées au bâchage du cadre à bagages.

Les châssis en ce moment en service sous les caisses des trucks à équipages devront subir les modifications suivantes.

(Suit l'indication des modifications et la liste des pièces fournies par la compagnie et de celles fournies par le constructeur.)

Le constructeur devra boucher avec soin par des chevilles en chêne les trous de boulons déjà percés dans les bois du châssis, et qui ne pourraient pas servir à fixer les ferrures.

Les cercles des lampes seront soudés au pavillon, conformément aux indications qui seront données.

Toutes les pièces fournies par la compagnie seront redressées et ajustées par le constructeur qui demeure responsable de leur montage, qui devra être fait avec la même précision que si elles avaient été fabriquées par lui.

Qualité des matières.

Les bois seront de premier choix, sans nœuds vicieux, roulures, malandres, aubier et autres défauts; ils seront pris dans des pièces de fort équarrissage, ayant au moins trois ans de coupe, dont deux de débit en plateaux.

Les courbes de pavillon seront en frêne débité de file et cintré à la vapeur.

Les panneaux extérieurs de la frise de la corniche, ainsi que toutes les baguettes, seront en noyer parfaitement sec.

Les grandes et les petites palettes de marchepied seront en chêne ou en grisard.

Les chevilles d'assemblage seront en chêne.

Le plancher, les parcloses, les voliges seront en grisard de préférence au sapin.

Le fer proviendra de fontes affinées au charbon de bois; il sera doux et nerveux.

Toutes les pièces forgées à l'étampe seront réchauffées au rouge cerise; les panneaux seront en forte tôle à panneaux de première qualité de 10 kil. par mètre carré.

Le zinc du pavillon sera du n° 14 de la meilleure qualité.

Les poignées de portières, les charnières, les recouvrements seront en cuivre.

Les contre-poignées seront en fer.

Les anneaux de rideaux, les boucles et les rouleaux de sanglons et contre-sanglons seront en fer étamé.

Les rideaux seront en toile écrue, trame et chaîne en chanvre, renfermant l'une et l'autre treize fils par centimètre carré; ils seront préparés par l'un des procédés employés dans l'industrie pour assurer la conservation de la toile sans changer son aspect.

Les courroies du cadre à bagages seront en cuir au suif de première qualité de 0m,050 de largeur sur 0m,006 d'épaisseur; les enchapures du sanglon et du contre-sanglon qui les fixent à la bague en tôle auront 0m,15 de largeur; l'enchapure de la boucle du contre-sanglon aura 0m,10; elles seront toutes renforcées d'un garde-rouille en cuir, et seront cousues sur toute la longueur par deux coutures, une sur chaque bord; le fil sera fortement passé à la poix.

Peinture et conservation.

Tous les assemblages, tenons, entailles, embreuvements, mortaises, trous de boulons, chevilles d'assemblage et les surfaces de charpente recouvertes par les panneaux, les ferrures, les pièces de quincaillerie, ainsi que le dessous des panneaux, des pièces de ferrures et de quincaillerie seront, avant le montage, imprimés à l'enduit Knab.

La peinture des parties apparentes du châssis et de toutes les ferrures sera faite en noir d'ivoire poli; toutes les autres parties du châssis et le dessous de la caisse recevront deux couches d'enduit Knab.

La peinture sera faite avec le plus grand soin, avec des couleurs de qualité supérieure.

On emploiera pour la dernière couche du vernis anglais pur, et pour les autres du vernis ordinaire de première qualité, après les avoir fait agréer par la compagnie.

Les caisses seront peintes en brun Van Dyck pour le fond et les frises; les custodes et la frise de la corniche seront en noir d'ivoire

La couleur brune Van Dyck est faite avec 0kil.,050 de noir pour 1kil.,695 de brun.

Les baguettes seront rechampies en noir et filées en vermillon.

La peinture sera faite conformément au détail suivant :

A l'extérieur : — Une couche générale de gris imprimant le bois neuf;

Après le décapage des tôles, six couches d'apprêt, ponçage de l'apprêt;

Un déguisage et un masticage au mastic au vernis;

Un ponçage des mastics, caisse et châssis et une révision des mastics à l'huile, caisse et châssis;

Deux couches de fausse teinte;

Une couche de noir de fumée sur les noirs; deux couches au noir d'ivoire sur la caisse, une seule sur le châssis;

Un dressage sur les fonds;

Une couche de fond, deux couches de glaces;

Vernir au vernis n° 1 pour polir;

Polir;

Rechampir et filer;

Vernir en dernier au vernis anglais pur pour la caisse, au vernis n° 1 pour le châssis.

A l'intérieur : — Tout l'intérieur de la caisse, y compris les banquettes, sera peint à trois couches et rebouché avec soin; la couleur sera la même que pour l'extérieur.

Les poignées, les contre-poignées, les porte-lanternes et les cercles des lampes d'intérieur seront en noir d'ivoire poli.

(*Suit le détail des inscriptions.*)

Il est bien entendu que les voitures doivent être livrées complètes. Si par suite de quelque omission la présente spécification présentait des lacunes, le constructeur devrait y suppléer, sans que cela puisse donner lieu à aucune augmentation de prix.

La réception des omnibus se fait comme celle des wagons à voyageurs et la réception des tombereaux, camions, etc., comme celle des wagons à marchandises.

Pour les tombereaux, il faut en outre avoir soin de se conformer aux prescriptions de l'ordonnance concernant les voitures à deux roues, qui fixe à

3,100$^{kil.}$ en hiver et à	3,600$^{kil.}$ en été	la charge pour des jantes de	11 à 14 centimètres.
4,000	*id.*	4,600	*id.*	*id.*	14 à 17
4,800	*id.*	5,600	*id.*	*id.*	17 et au-dessus.

La cause la plus grave de destruction est la faiblesse des brancards lorsqu'ils sont découpés au lieu d'être en bois de fil.

Pour être solides, les tombereaux doivent, comme les wagons et les omnibus, avoir des pieds corniers avec des équerres aux angles pour consolider l'assemblage ; seulement, comme les tombereaux doivent basculer, les brancards font à l'arrière une saillie de 20 centimètres environ qui vient buter contre le sol et reçoit le choc sans que l'assemblage en souffre.

Lorsque les wagons à marchandises, camions, etc., ont des ridelles, il faut avoir soin que les ranchets soient en bois de fil et que les planches formant ridelles soient fixées à l'intérieur et, de plus, pour que les ridelles ou les ranchets mobiles ne se déforment pas et aient de la stabilité, il faut, conformément aux lois de l'équilibre, que les brides de ranchets soient placées le plus haut possible, et que les ranchets soient prolongés le plus bas possible au-dessous de ces brides.

La réception provisoire ne se fait qu'après un voyage d'essai, et la réception définitive après un certain parcours ou après un certain temps de service.

Il faut avoir soin de faire passer tous les wagons sous un gabarit dont le profil est déterminé par une ligne à 10 centimètres de la figure qu'on obtient par la superposition des profils des divers travaux d'art.

Machines-outils. — Les machines-outils exigent dans leur ajustement toute la précision possible, et l'on ne doit montrer, en ce qui les concerne, aucune tolérance. Quand on demande des pièces de rechange, il faut les faire monter par le constructeur après les pièces avec lesquelles elles s'emmanchent, ou donner les pièces à remplacer, afin qu'elles soient identiques, ou les demander simplement ébauchées, afin de pouvoir les ajuster rigoureusement en les mettant en place. Sauf cette grande rigueur, la réception des machines-outils ne présente que peu de conditions particulières.

On essaye chaque machine suivant son emploi : ainsi, pour recevoir des tours, des machines à percer, à aléser, à raboter, des scies mécaniques, etc., on leur fait tourner, aléser, raboter de fortes pièces, et l'on s'assure que l'outil n'a pas brouté, c'est-à-dire qu'il n'a pas coupé d'une manière irrégulière par suite de sauts et de vibrations. Quant à l'épaisseur des copeaux et à la vitesse du travail, elles varient dans des limites très-éloignées, suivant les constructeurs et la force de la machine.

Il faut que l'axe de l'arbre des machines à percer soit bien perpendiculaire au plateau et que le trou qui reçoit la tête du foret soit bien centré, afin que les trous ne soient pas obliques ou ovales.

Il faut dans les tours parallèles et à fileter que les axes des poupées soient rigoureusement sur le prolongement l'un de l'autre, et que les pointes soient bien centrées sur les plateaux.

Il faut que les plateaux des machines à raboter soient dans un plan parallèle à celui des glissières du bâti, que les glissières du porte-outil se meuvent bien parallèlement à ces plans.

Dans les machines à aléser il est nécessaire que l'arbre soit bien centré, bien parallèle au plateau et assez fort pour ne pas fléchir au milieu quand on le fait travailler, qu'il n'ait pas de vibration et de sauts.

On présente des tôles d'une épaisseur déterminée aux cisailles ordinaires et aux cisailles débouchoires, et l'on voit quelle est la longueur que l'on peut couper et le diamètre des trous que l'on peut percer.

Ce qu'il y a de plus important dans les scieries mécaniques, c'est qu'elles coupent bien nettement les bois. Quand cette condition n'est pas remplie, soit parce que les coulisseaux ont du jeu dans les glissières, soit par tout autre motif, non-seulement une partie de la machine peut être démolie, mais les ouvriers peuvent être gravement blessés.

On compte le nombre de coups que donnent les martinets, les marteaux pilons, etc. Il y aurait avantage à remplacer les petits ressorts en bois des marteaux-pilons par des rondelles en caoutchouc et à en garnir l'extrémité des rabats.

On exerce des pressions soit sur des chaînes, soit sur des tirants en fer, soit sur d'autres matières pour essayer les presses hydrauliques, et l'on voit quel est le rapport entre la pression exercée par les hommes et celle obtenue à l'extrémité du piston. Les presses hydrauliques doivent être munies d'un manomètre.

L'essai des grues, chèvres, treuils, etc., se fait en les chargeant d'un poids supérieur à celui qu'elles doivent avoir à supporter au maximum, afin d'être sûr que dans aucun cas leur manœuvre ne donnera lieu à des accidents.

En général la réception provisoire des machines-outils se termine, comme nous l'avons dit, en les mettant en train et voyant si elles travaillent bien.

La réception définitive se fait tout naturellement en constatant les défauts qui apparaissent en service dans les limites de la garantie.

Pour les machines-outils qui ont besoin de fondations, comme les tours à roues, les machines à percer et à raboter, les cisailles, les laminoirs, les marteaux et martinets, etc., il faut s'assurer, comme pour les machines à vapeur, que les massifs de maçonnerie sont suffisamment lourds et convenablement disposés pour ne pas être ébranlés par les efforts qu'exercent sur eux les boulons de fondation.

Transmission. — Ce soin est aussi une des principales conditions de bonne installation des transmissions; il faut, en effet, que les arbres n'aient pas de gauche entre eux; et si les fondations viennent à fléchir, toute précision dans le montage est détruite, ils se tordent, ils se grippent, une partie de la force motrice est perdue.

Il faut que les poulies folles soient bien du même diamètre que les poulies de commande à côté desquelles elles sont montées, afin que les courroies ne s'accrochent et ne se déchirent pas en passant de l'une à l'autre.

On a vu aux pièces détachées ce qui concerne les engrenages.

Il faut s'assurer que les débrayages fonctionnent facilement et que les ouvriers ne courent pas le danger d'être accrochés pendant qu'ils travaillent par les courroies, roues d'engrenages, poulies, etc., et il est bon de mettre des enveloppes en tôle à toutes les parties qui se trouvent dans une position dangereuse.

Il ne sera pas inutile de donner ici une spécification des machines-outils; nous donnerons celle pour la construction de grands tours à roues, publiée par la Société des ingénieurs civils (1) dans le mémoire n° XI, de M. A. Nozo, sur l'entretien des roues montées sur essieux.

SPÉCIFICATION POUR LA CONSTRUCTION DE GRANDS TOURS A ROUES, COMMANDÉS A M. . . . . , EN VERTU DU MARCHÉ SIGNÉ LE. . . . . 1849.

Conditions générales.

1° *Plateaux et engrenages.*

Les plateaux des trois espèces de tours commandés à M. . . . . en vertu du marché signé le. . . . . 1849, seront disposés pour recevoir des manchons qui permettent de saisir à volonté, par leurs collets, les essieux à fusées extérieures.

Ces plateaux seront fondus d'une seule pièce avec les arbres, mais leurs dentures seront en plusieurs segments rapportés sur une couronne *ad hoc* et fixés au moyen de fortes vis dans cette couronne.

Les dimensions des dents seront les mêmes dans les trois tours, ainsi que celles des pignons.

Les modèles des dentures devront être assez parfaits pour qu'il ne soit pas nécessaire de tailler les dents pour les faire engrener rigoureusement d'après les règles de l'art.

Cette condition est non-seulement applicable aux dentures des plateaux, mais encore à celle des engrenages intermédiaires.

Les arbres portant les pignons seront de même diamètre dans les trois espèces de tours.

Les deux porte-pointes d'une même tour seront mobiles et devront être arrêtées sur le devant des plateaux par une disposition qui assure une fixité parfaite.

Des appareils pour recevoir la butée des pointes et régler leur saillie devront être établis sur chaque poupée.

(1) 2e année, 2e cahier, pages 103 à 108.

2° *Poupées.*

La poupée opposée à celle portant le cône de transmission devra pouvoir s'avancer au moyen d'un système analogue à celui employé pour les tours déjà livrés par M. Calla à la Compagnie.

Tous les bronzes des coussinets seront fondus au titre de 20 d'étain pour 80 de cuivre.

3° *Porte-outils.*

Les patins des chariots porte-outils seront garnis de baguettes en V, pénétrant dans les entailles analogues ménagées dans les bancs. Ces baguettes seront écartées d'environ 0^m,080 d'axe en axe; elles seront disposées, sur la surface, de manière à laisser autant de vide que de plein.

Les patins seront terminés à leur partie supérieure par un plateau circulaire de même surface que le plateau de superposition du chariot, tel qu'il est dit au paragraphe suivant.

La base des chariots sera disposée en forme de plateau circulaire, de manière à pouvoir se fixer aux plateaux des patins par des boulons qui assureront l'invariabilité des positions respectives. La partie supérieure des chariots sera établie conformément aux modifications en construction pour les chariots de rechange commandés par la Compagnie pour les tours en activité dans les ateliers de La Chapelle.

Les vis de serrage des outils devront être guidées par des écrous en fer rapportés dans la fonte. Ces vis seront terminées par une partie en acier arrondie et trempée.

Les outils pourront avoir 0^m,050 de côté.

Le rapport entre la vitesse de la courroie sur la poulie du milieu des cônes moteurs et la vitesse devant l'outil sera constant. Ce rapport sera d'environ 25 à 1.

Les cônes moteurs seront tous à 5 diamètres.

Les plans d'exécution seront soumis à l'approbation des ingénieurs en ce qui concerne les dispositions des appareils.

Conditions particulières.

1° *Grand tour double pour tourner et aléser les bandages des roues de* 2^m,10 *de diamètre (machines Crampton).*

Ce tour sera conforme au dessin annexé au marché, et devra satisfaire à toutes les prescriptions de la présente spécification.

La plaque de fondation sera d'une étendue convenable pour que les poupées ne portent pas à faux lorsqu'on montera en pointes des roues d'arrière des machines Crampton.

La distance entre les plateaux dans leur position la plus écartée sera de 2^m,650, et dans leur position la plus resserrée sera de 2^m,100; la hauteur des pointes de 1^m,270.

Les pointes devront pouvoir sortir de 0^m,420.

2° *Moyen tour double pour tourner et aléser les bandages des roues de* 1^m,42 *de diamètre de roulement.*

Les dispositions générales du tour n° 2 seront conformes à celles du tour n° 1.

La plaque de fondation sera de même longueur que celle du tour pour roues motrices. La largeur sera mise en parfaite harmonie avec les diamètres des roues à tourner.

La distance entre les plateaux dans leur position extrême sera comme pour le tour précédent, de 2^m,650.

La hauteur des pointes ne devra pas être au-dessous de 0^m,860.

Ces pointes pourront sortir de 0^m,420.

3° *Petit tour double pour tourner et aléser les bandages des roues de wagons jusqu'à* 1^m,06 *de diamètre.*

Les dispositions générales du tour n° 3 seront conformes à celles du tour n° 1.

La distance entre les plateaux, dans leur position extrême, sera de 2^m,22.

Les deux porte-pointes seront mobiles, comme dans les deux tours précédents. Leur diamètre sera au moins de 0^m,080; ils devront pouvoir sortir chacun de 0^m,200.

La hauteur des pointes sera au moins de 0^m,680.

MARCHÉ POUR LA FOURNITURE DE GRANDS TOURS A ROUES.

Entre la société anonyme du chemin du Nord, dont le siége est à Paris, à l'embarcadère dudit chemin, clos Saint-Lazare, représentée par MM. . . . . ses administrateurs d'une part.

Et M. . . . . , demeurant à . . . . rue d . . . . . . n° . . . . d'autre part,

Il a été fait et convenu ce qui suit :

Article premier. M. . . . . . . s'engage à construire et établir pour le chemin de fer du Nord, qui accepte, les tours à roues désignés ci-après.

Art. 2. Ces tours seront conformes aux plans et à la spécification annexés au présent marché, et contiendront toutes les améliorations nouvellement introduites par les meilleurs constructeurs, et encore celles auxquelles pourra donner lieu l'étude des machines-outils du même genre en service dans les ateliers de la Compagnie.

Art. 3. Tous les matériaux employés à la construction des tours seront de la meilleure qualité et du premier choix. L'exécution devra être égale, sous tous les rapports, à celle des meilleures machines-outils provenant des ateliers les mieux organisés.

M. . . . . s'engage à apporter dans la construction de ces outils tous les perfectionnements, non compris dans les plans ou la spécification, qui pourront paraître utiles en cours d'exécution, et il déclare s'en rapporter, sur ce point, à l'équité de M. Clapeyron, conseil de la Compagnie.

La compagnie pourra, pour s'assurer de la qualité des matériaux et de la bonne exécution des tours, procéder dans les ateliers de M. . . . . . à toutes les épreuves qui lui paraîtraient nécessaires, et les frais auxquels ces épreuves donneraient lieu seront à la charge de M. . . . . .

L'entrée des ateliers de construction de M. . . . . . sera toujours accordée aux agents de la Compagnie chargés de surveiller la fabrication et la construction desdits tours.

Art. 4. La fourniture faisant l'objet du présent marché se composera :

1° D'un grand tour double n° 1, combiné pour tourner et aléser les bandages des roues de 2^{m},10 de diamètre ;

2° D'un moyen tour double n 2 pouvant aléser et tourner les bandages des roues des machines à marchandises et ceux des roues d'avant des machines Crampton ;

3° De trois tours doubles n° 3 destinés à tourner et aléser les bandages des roues de wagons, jusqu'à 1^{m},06 de diamètre de roulement.

Art. 5. La réception des tours, donnant lieu au payement du troisième quart du prix mentionné à l'article suivant, sera faite dans les ateliers de la Compagnie, à La Chapelle St.-Denis, lorsqu'il aura été constaté que lesdits tours fonctionnent bien.

A cet effet, le constructeur se soumet d'avance à tous les essais qui seront jugés nécessaires pour constater la bonne exécution.

Les frais de transport et de montage dans les ateliers de la Compagnie seront à la charge de M. . . . . . .

Le prix des cinq tours, faisant l'objet du présent marché, est fixé à la somme de *quarante-deux mille francs*. Ce prix comprend, pour le tour n° 1, la grande lunette portée sur le plan ; et pour les cinq tours, les transmissions intermédiaires, les poulies motrices à placer sur l'arbre, et quatre tocs traîneurs par tour.

Les poulies à placer sur l'arbre principal de l'atelier seront en deux parties.

Art. 6. Les payements seront faits :

Un quart à la signature du marché ;

Un quart après la fonte des pièces de moulage ;

Un quart à la livraison ;

Un quart après trois mois de travail, servant de délai de garantie.

Toutes les ruptures qui pourraient avoir lieu dans cet intervalle de temps seront à la charge du constructeur, lorsqu'elles pourront être attribuées à un défaut de qualité ou d'exécution.

Art. 7. Les outils faisant l'objet du présent marché seront livrés à la Compagnie et montés, au plus tard, dans les ateliers de La Chapelle, quatre mois après la signature de ce marché. Il sera fait une retenue de un dixième sur les fournitures qui ne seraient pas faites dans le délai stipulé, sans qu'il soit besoin de mise en demeure, l'indemnité ci-dessus étant acquise à la Compagnie par la seule échéance du terme.

Art. 8. Les contestations qui pourraient s'élever entre la Compagnie et M. . . . . . au sujet de l'exécution du présent marché, seront portées devant le tribunal de commerce de Paris, jusqu'à l'entière et parfaite exécution du présent marché ; tous actes de mise en demeure, toutes assignations ou actes d'appel, même toutes significations de jugements ou autres décisions, offres réelles, etc., seront valablement signifiés au domicile élu à . . . par M. . . . . . ; la Compagnie du chemin de fer du Nord élisant son domicile à Paris, à l'embarcadère, clos St.-Lazare, son siége actuel.

Art. 9. L'enregistrement du présent sera à la charge de celle des parties qui y aura donné lieu.

Fait double à Paris, le

Les détails que nous avons donnés suffiront pour guider dans la réception de toute espèce de machine ou métier, au point de vue technique.

Nous allons maintenant nous occuper du règlement des factures, du classement des pièces, etc.

CHAPITRE II.

§ 7. — Comptabilité, règlement des factures, etc.

Toutes les livraisons se font à un magasin central par lequel tous les objets doivent passer avant d'être livrés au service. Le garde-magasin remet aux fournisseurs un certificat de livraison ou un récépissé conformes aux modèles ci-joints, après avoir constaté les quantités et les poids ; les employés du magasin les inscrivent sur un cahier d'entrées provisoires dont on envoie chaque jour copie au bureau central sur un état conforme au modèle ci-joint :

CHEMIN DE FER d — DIVISION du matériel. —

CERTIFICAT DE LIVRAISON.

Fournisseur, M.

Lieu de livraison

QUANTITÉS.	NUMÉROS.	DÉSIGNATION DES OBJETS.	POIDS.

A , le 18

Le garde-magasin

CHEMIN DE FER D

CHEMIN DE FER d — DIVISION du matériel. —

CERTIFICAT DE LIVRAISON.

Je, soussigné, ...
reconnais que M. . . . . .
a livré à la compagnie du chemin de fer d
d , les objets détaillés ci-après :

QUANTITÉS.	NUMÉROS.	DÉSIGNATION DES OBJETS.	POIDS.

A , le 18

Le garde-magasin

CHEMIN DE FER
d

DIVISION
du matériel.

RECÉPISSÉ.

Je, soussigné, reconnais avoir reçu de M. . . . ., provisoirement et en attendant la réception définitive, les fournitures portées sur sa facture en date du 18 , *montant à*

OBSERVATIONS.

le 18

Le garde-magasin

CHEMIN DE FER D

CHEMIN DE FER
d

DIVISION
du matériel.

RÉCÉPISSÉ.

Je, soussigné, reconnais avoir reçu de M. . . . ., provisoirement et en attendant la réception définitive, les fournitures portées sur sa facture en date du 18 , *montant à*

OBSERVATIONS.

le 18

Le garde-magasin

CHEMIN DE FER

d

DIVISION

du matériel.

PROCÈS-VERBAL DE RÉCEPTION PROVISOIRE,

DONT ON ATTEND LA RÉGULARISATION POUR ENREGISTRER AU JOURNAL D'ENTRÉE ET DÉLIVRER AU SERVICE LES OBJETS DÉPOSÉS AU MAGASIN CENTRAL PENDANT LA JOURNÉE DU 18 , SAVOIR :

PROVENANCE.	NUMÉROS matricules.	NUMÉROS des commandes.	QUANTITÉS et désignation des objets.	QUANTITÉS reçues.	QUANTITÉS refusées.	PRIX.	OBSERVATIONS et motifs des refus.

Vu pour régularisation,

L'ingénieur

Dressé et certifié par le garde-magasin soussigné

le 18

Vu et approuvé,

L'ingénieur chef du matériel

Vu bon à entrer :

Les administrateurs de service

Ces procès-verbaux de réception provisoire sont renvoyés ensuite à l'économat, avec les observations auxquelles donnent lieu les divers objets qui y sont compris et l'indication des quantités acceptées et refusées; c'est alors seulement que les écritures définitives sont passées. Au chemin de fer du Nord ils devaient d'abord être régularisés, autant que possible dans les vingt-quatre heures, comme l'indique l'extrait suivant du règlement concernant les rapports de la réception du matériel avec l'économat.

Art. 8. Aucun objet soumis à une réception provisoire à faire par des agents spéciaux avant d'être accepté par la Compagnie et de devenir sa propriété, ne pourra passer dans les écritures de l'économat général qu'après que cette vérification aura été faite par ces agents spéciaux qui sont placés sous les ordres immédiats de l'ingénieur, chef de la deuxième division.

Art. 9. Pour l'exécution de la disposition qui précède, un local spécial sera affecté par l'économat au remisage de tous les objets soumis à vérification. Ces objets y seront déposés au moment de la livraison, et ils n'en seront extraits pour être incorporés aux approvisionnements de la Compagnie qu'à la suite de la vérification des agents du matériel. L'économat les prendra alors en charge, et seulement pour les quantités qui auront été reconnues recevables.

Art. 10. La vérification dont il est parlé dans les art. 8 et 9 sera faite autant que possible dans les vingt-quatre heures qui suivront l'avis de la livraison contenu aux rapports journaliers que le chef de l'économat général doit remettre chaque matin à l'ingénieur, chef de la seconde division.

Depuis un certain temps, pour mieux faire sentir l'importance des réceptions, les administrateurs de la Compagnie du chemin de fer du Nord signent eux-mêmes les procès-verbaux, et il suffit que les réceptions soient faites avant la réunion du comité qui suit l'époque de la livraison, c'est-à-dire avant le mercredi de chaque semaine.

Pour que les règlements des fournisseurs se fassent régulièrement ensuite, il faut qu'il y ait un comptable spécial pour la réception, comme il y en a pour les autres services, chargé de résumer toutes les opérations relatives à la réception, d'ouvrir à chaque fournisseur et à chaque commande des comptes dans lesquels se trouvent résumés les acceptations et les refus indiqués sur les procès-verbaux de réception provisoire, les refus ultérieurs prononcés par suite de défauts reconnus à la suite de la mise en service, les pénalités, les frais de transport, les indemnités, les escomptes, et en général tout ce qui peut modifier le crédit ou le débit des fournisseurs; ce comptable se sert ensuite de ces comptes pour dresser sur les indications de l'inspecteur chargé de faire, ou simplement de surveiller la réception, les états d'avancement des commandes et les mémoires de proposition de payement, conformes aux modèles ci-joints (p. 41 à 43) auxquels sont annexés les factures des fournisseurs, et les procès-verbaux de réception qui sont soumis par le chef de la comptabilité à l'appréciation et à l'approbation des chefs de service et du chef de la division. C'est le contraire qui a lieu dans certaines administrations : les chefs de service dressent ces mémoires, et la comptabilité ne fait qu'en passer écriture.

Quoi qu'il en soit, outre la régularisation des états d'entrée, la réception des livraisons qui ont une certaine importance, comme les machines, les tenders, les wagons, les parties considérables de ferrures, etc., doit donner lieu de la part des ingénieurs à des rapports ou procès-verbaux spéciaux, conformes aux modèles ci-joints, où l'on indique les principaux vices de construction, et en général les observations auxquelles donne lieu l'examen des pièces détachées ou des appareils montés qu'ils concernent et qui justifient la tolérance ou la sévérité que l'on montre dans la réception, les pénalités pour moins-value, etc., etc. Les ingénieurs dressent d'abord des procès-verbaux de réception provisoire à l'époque de la livraison.

CHEMIN DE FER d

No

DIVISION du matériel.

Exercice 18

Mois

Chapitre

Article

Le sieur

Sommes à payer

MÉMOIRE DE

M. . . . . . . ingénieur en chef.

M. . . . . . . ingénieur

	TOTAL. . . .		

Le présent mémoire, montant à la somme de ,
présenté et certifié par l' soussigné,
à , le 18 .

Vu et arrêté par l'ingénieur chef du matériel

Pour acceptation du présent règlement et pour acquit de la somme de

Vu bon à payer :
Les administrateurs de service

ÉTAT D'AVANCEMENT

COMMANDES de construction.			COMMANDES DE FERRURES.				1re LIVRAISON.		
Dates.	Numéros.	DÉSIGNATION.	Constructeurs.	Dates.	Espèces.	Numéros des pièces.	Date.	Nombre reçu.	Nombre refusé.

DES COMMANDES.

2ᵉ LIVRAISON.			3ᵉ LIVRAISON.			4ᵉ LIVRAISON.			DESTINATION des pièces.	OBSERVATIONS.
Date.	Nombre reçu.	Nombre refusé.	Date.	Nombre reçu.	Nombre refusé.	Date.	Nombre reçu.	Nombre refusé.		

CHEMIN DE FER D

DIVISION DU MATÉRIEL.

Procès-verbal de réception provisoire de
livré par M.
en exécution de la commande n°

Je, soussigné, certifie qu'il a été livré le
par M. en exécution de la commande
n° et conformément aux états d'entrée de

Il résulte des notes recueillies en cours d'exécution et de l'examen détaillé et des essais qui ont été faits à l'époque de la livraison, conformément aux plans et à la spécification annexés à ladite commande :

1° Qu'il y a lieu de refuser les objets suivants qui présentent des défauts graves, savoir :

2° Que les autres parties de la livraison ne présentent pas de défauts qui puissent en faire prononcer le refus, et qu'en conséquence il y a lieu de les recevoir provisoirement, savoir :

quoique cependant elles donnent lieu aux observations suivantes qui méritent d'être signalées au constructeur :

le

L'ingénieur.

CHEMIN DE FER D

DIVISION DU MATÉRIEL.

Rapport préparatoire pour la réception définitive de
livré par M.
en exécution de la commande n°

Je, soussigné, certifie qu'une partie des livrés
le par M.
en exécution de la commande n° du
compris au procès-verbal n° du
présentaient des vices de construction qui n'étaient pas apparents à l'époque de la livraison, mais qui ont été reconnus depuis et dont il y a lieu d'exiger la réparation avant le règlement définitif, savoir :

le

L'ingénieur,

CHEMIN DE FER D

DIVISION DU MATÉRIEL.

Procès-verbal de réception définitive de
livré par M.
en exécution de la commande n°

Je, soussigné, certifie que les réparations réclamées par le rapport préparatoire pour la réception définitive n°
du concernant l
livré le par M. et compris au procès-verbal de réception provisoire n° du
ont été faites.

Et qu'en conséquence il y a lieu de recevoir définitivement ce

le

L'ingénieur.

Lorsque le délai de garantie est sur le point d'expirer, avant de solder le constructeur, on doit dresser de la même manière les rapports préparatoires pour la réception définitive, dans lesquels on constate les défauts qui ont été découverts en service, les réparations faites, soit par le fournisseur, soit par l'acquéreur, celles qui restent à faire, leurs causes, leur importance, etc.

Enfin, lorsque le remplacement de toutes les pièces défectueuses ou toutes les réparations ont été faits, on dresse les procès-verbaux de réception définitive. Si le constructeur ne fait pas droit aux réclamations qui lui sont faites, on dresse un état des remplacements ou des réparations qui restent à exécuter et dont il faut retenir le montant, et on l'annexe au procès-verbal de réception définitive.

On doit toujours donner aux constructeurs une expédition des rapports, procès-verbaux, mémoires de proposition de payement, etc., qui les concernent, afin d'être toujours parfaitement d'accord.

Il est évident que les états joints aux procès-verbaux étant faits par la comptabilité, les règlements se font d'une manière beaucoup plus régulière, beaucoup plus sûre qu'en s'appuyant sur de simples notes recueillies par les divers agents chargés de la réception.

§8. *Magasinage, approvisionnements.*

Il y a deux questions qui se rattachent intimement à la réception du matériel et par lesquelles nous terminerons ce travail : le classement des pièces et les approvisionnements.

Tout le monde sent combien il est important que les approvisionnements se fassent d'une manière sûre et rapide, afin que le service de l'entretien ne souffre jamais par suite de retard dans la livraison des objets de consommation. Voici ce qui se passe généralement dans les chemins de fer et dans les grandes administrations : on a des états d'approvisionnement contenant la liste de tous les objets nécessaires pour la consommation pendant un mois ou tout autre laps de temps; on fait à des époques déterminées un relevé des objets qui manquent et que l'on doit remplacer pour compléter les approvisionnements.

Pour tirer un bon parti de cette mesure, qui est très-bonne par elle-même, il faut que l'intervalle au bout duquel on fait le remplacement des pièces employées soit moins long que celui pour lequel les approvisionnements sont faits, et que l'état des objets à commander soit tout simplement le relevé de la consommation fait sur un tableau lithographié ou imprimé conforme au tableau ci-joint, portant

ÉTAT HEBDOMADAIRE DE CONSOMMATION.

Numéros d'ordre.	Nombre de pièces.	DÉSIGNATION. DES ARTICLES.	Report des semaines précédentes		Dimanche.	Lundi.	Mardi.	Mercredi.	Jeudi.	Vendredi.	Samedi.	Totaux.	A reporter à la semaine suivante	
			en plus.	en moins.									en plus.	en moins.

dans les trois premières colonnes la copie des états d'approvisionnement, et sur lequel on inscrit successivement dans d'autres colonnes les quantités portées sur chaque bon de consommation. On inscrit à la suite les objets demandés sans avoir été prévus. Ce procédé permet de modifier très-rapidement les états d'approvisionnement suivant les variations de la consommation. Quand on ne complète les approvisionnements qu'au bout du temps pour lequel ils ont été prévus, la plupart des articles doivent être épuisés, et il faut encore attendre à ce moment que le commerce ait eu le temps d'exécuter les commandes qui lui sont faites : on se contente de suivre la consommation au lieu de la devancer; on est dans le faux, puisque les approvisionnements ne sont pas destinés à satisfaire aux besoins passés, mais à pourvoir (*providere*) aux besoins futurs.

Dans aucun cas les objets à tenir en approvisionnement ne doivent être livrés pour des constructions nouvelles ou de grandes modifications.

Pour pouvoir se rendre compte à un instant quelconque de la situation des approvisionnements, il suffit d'affecter à chaque article une case spéciale au-dessus de laquelle on écrit le numéro, le nombre et la désignation correspondants de l'état général d'approvisionnement : il faut laisser en outre un certain nombre de cases vides pour les objets dont le besoin se ferait ultérieurement sentir et pour ceux à tenir temporairement en dépôt pour les constructions neuves et pour les grandes modifications. Il faut en outre un local spécial destiné à recevoir en dépôt les objets au moment de la livraison : ce n'est qu'après avoir été acceptés par les employés chargés de la réception que ces objets doivent être rangés dans leurs travées respectives ; il faut en outre, comme cela se pratique avec le soin le plus rigoureux au magasin de l'économat général du chemin de fer du Nord, que les pièces dressées en fer, fonte, acier, etc., qui sont susceptibles d'oxidation, ne soient classées qu'après avoir été graissées ou recouvertes de peinture. Les inspecteurs chargés de la réception doivent veiller à ce que les pièces refusées soient rendues aux fornisseurs et remplacées.

Là se termine ce que nous avions à dire sur le magasinage et les approvisionnements et sur la réception du matériel en général.

4

SÉRIE DE PRIX

DES PRINCIPAUX OBJETS

DU MATÉRIEL DES CHEMINS DE FER.

ABRÉVIATIONS.

A	acier.	C.	cuivre rouge.
B	bois.	L.	cuivre jaune ou laiton.
br.	bronze.	T.	tôle.
F.	fonte.		(Pas d'abréviation pour le fer.)
F. mall.	fonte malléable.		

Les poids et les prix indiqués sont des *moyennes* et peuvent varier en plus ou en moins suivant les dispositions spéciales des diverses espèces de machines.

L'unité de mesure est le kilogramme, à moins que le contraire soit indiqué dans la colonne d'observations.

Les pièces sont terminées lorsqu'il n'y a pas d'observations contraires.

DÉSIGNATION DES OBJETS.	NATURE.	POIDS d'une pièce.	PRIX de l'unité de mesure.	PRIX de la pièce.	OBSERVATIONS.
A					
		Kil.	Fr.	Fr.	
Abat-quarre pour selliers et bourreliers. .	A			1.25	
Acajou.			0.40		
Acier fondu, octogone ou rond, de 8 à 10mill.			3.65		
» » » au-dessus de 10mill.			3.50		
» » plat de petite section.			3.65		
» » » forte »			3.50		
» » étiré au banc.			3.85		
» ordinaire.			1.90		
» à ressort.			1.08		
Accotoirs.	fer	1.050	0.80		
Ajutages de niveau d'eau.	B			7.50	
Alènes anglaises pour selliers et bourreliers.	A			0.60	
» à brédir » »	A			0.80	
» rondes » »	A			0.60	
Anneaux de bâchage.	fer	0.500	1.30	0.65	
» étamés pour bâches.	fer			0.10	
» » pour rideaux de 3e classe.	fer			0.0085	
» d'ivoire de 1re classe.				1	
Anspecks pour wagons de secours.	B, fer			10	
Appareil jette-feu pour machines.	fer	85	1.80		
Arbre à excentriques pour freins de tenders.	fer	55	1.80		
» à leviers » »	fer	55	2.75		
» » » de wagons.	fer	35	1.75		
» à manivelles » »	fer	16	2.50		
» » p. soupapes de prise d'eau.	fer, br.	10	2.75		
» de relevage.	fer	75	3.75		sans les contre-poids.
» de transmission intermédiaire. . . .	fer	30	1.45		
» » principale.	fer	250	1		
Archet à forer.	A			1.25	
Armature de barres de trucks à équipages.	fer	3	1.70		
» de fours et fourneaux de chaudières.	F	100	0.32		
Arrêts de portes roulantes de wagons. . . .	fer	0.600		1.25	
Articulations de plongeurs de pompes. . .	fer	6.500	3.50		trempées.
Auges de meules ordinaires, avec pied. . .	F	275	0.40		ébarbées.
» » de 2m,500 sur 0m,350. . .	F	3705	0.90		montées.
B					
Bacs pour tours à roues.	T	11	1.10		
Bâches pour wagons de secours.				100	
Bagues de fourchettes d'excentriques. . . .	A	0.350	4		brutes.
» » »	br.	0.350	2.70		»
» » »	F. mall.	0.350	1.80		»
» de boîtes à étoupe pour pistons. .	br.	1.500	2.70		»
» » » pompes .	br.	3.500	2.70		»
» » » de tiroirs. . .	br.	1	2.70		»
» presse-étoupe de piston.	br.	0.900	2.70		»
» » de pompe.	br.	1	2.70		»
» » de rotules.	br.	1.650	2.70		»
» » de tiroirs.	br.	0.600	2.70		»
Balances de soupapes de 6 à 7 atmosphères.				45	
Bandages cintrés p. roues motrices de 1m,75.	fer	475	0.85		bruts.
» » » de support de 1m,05.	fer	225	0.75		»
» droits de roues motrices à voyag.	fer	75	0.72		bruts, mètre courant.
» » à marchandises.	fer	75	0.72		» »
» » de support à voyageurs.	fer	75	0.72		» »
» » de wagons.	fer	64	0.65		» »
» vieux.	fer		0.25		
Barres d'attelage des machines aux tenders.	fer	35	3.50		*à vis, finies.*
» d'excentriques.	fer	25	4.50		
Barres-guides des sabots de freins de tenders.	fer	65	2		

DÉSIGNATION DES OBJETS.	NATURE.	POIDS.	PRIX.	VALEUR.	OBSERVATIONS.
		Kil.	Fr.	Fr.	
Barres-guides des sabots de freins de wagons.	fer	36	2		
Barreaux de grille pour machines de 0m,090 de hauteur.	fer	10	0.34		le mètre courant.
Bielles d'accouplement avec coussinets. . .	fer, br.	75	4.75		
Bielles d'accouplement avec coussinets. . .	fer, br.	100	5.50		à fourche.
» de pompes.	fer.	8	3.50		
Boîtes à cric pour freins de tenders. . . .	fer, T.	25	3		parties trempées.
» » » de wagons. . . .	fer, T.	20	3		» »
» à étoupe pour régulateur.	br.	10	2.70		brutes.
» à graisse d'arrière p. mach. Crampton.	br.	60	4.50		
» » » » »	fer, br.	72	8		
» » d'avant » »	br.	55	4.50		
» » » » »	fer, br.	55	8		
» » du milieu » »	br.	42	4.50		
» » motrices p. mach. ordinaires	br.	60	3.30		complètes.
» » » » »	br.	48	2.70		brutes, sans coussin.
» » » » »	F.	48	0.45		» »
» » » » »	F. br.	60	2.25		complètes.
» » de support pour machines. . .	F.	40	0.45		brutes, sans coussin.
» » » »	F. br.	50	2.25		complètes.
» » de tenders.	F.	30	0.45		brutes, sans coussin.
» » »	F. br.	45	2		complètes.
» » de wagons.	F.	21	0.45		brutes, sans coussin.
» » »	F. br.	23		22	complètes.
» à ressort pour leviers de changement de marche.	br.	0,750	2.70		brutes.
» à tremper pour dix essieux.	T.	100	1		
Bouches de fours.	F.	80	0.25		brutes.
Boulets de chapelles de pompes.	br.	1	2.70		bruts.
Boulons (1) p. mach. de 10 à 11 mil. de diam.	fer		1.60		taraudés, non tournés.
» » 12 à 14 »	fer		1.45		» »
» » 15 à 17 »	fer		1.30		» »
» » 18 et au-dessus »	fer		1.15		» »
» (1) pour wagons.	fer		1.05		» »
» pour la voie.	fer		0.80		» »
» goupillés	fer			0 05	par goupille.
» tournés.	fer		0.15		pour le tour.
» tournés pour freins de wagons. . .	fer	0.325	2		finis, tournés.
Boutons de manivelles à voyageurs.	fer	20	0.85		bruts.
» » d'arrière à marchandises.	fer	16	0.85		»
» » d'avant »	fer	13	0.85		»
» » moteurs »	fer	37	0.85		»
Brides de porte-sabots de freins.	fer	6	1.75		
» de ranchets.	fer	1.500	1.75		
» de suspension articulées p. wagons.	fer	6	3.50		
» » à fourche »	fer	1,400	1.50		
» » » p. tenders.	fer	1.800	1.50		
» » pleines »	fer	3.750	2		
» » » p. machines.	fer	7.500	2		
» de traction de tenders.	fer	16	2.50		
» » de wagons.	fer	8	2.50		
Briques réfractaires de Salins pour fours et fourneaux.	terre			0.25	grand modèle.
» » » » »	terre			0.18	petit modèle.
» » pour fours à bandages.	terre	32	0.18		
Bronze brut (en pièces).			2.70		
Burettes à l'huile.	fer-blanc			0.85	
C					
Cadenas ordinaire	fer, T.			1.10	
Cadre de forge.	F.	60	0.45		brut.
Cadres de lanternes d'intérieur.	B.			1.95	

(1) Voir à la fin le tableau du poids des boulons.

DÉSIGNATION DES OBJETS.	NATURE.	POIDS.	PRIX.	VALEUR.	OBSERVATIONS.
		Kil.	Fr.	Fr.	
Cadres de tiroirs	fer	15	4.50		
Caisses d'arrière de tenders	T.	125	0.80		
Cales de suspension de wagons à marchandises	B.			0.11	
» » » à voyageurs.	B.			0.58	
Capuchons de cheminée avec tringle	fer, T.	25	1.40		
Cémentation du fer à 3millim. de profondeur.			0.30		le kilo.
Cendriers pour machines	T.	76	0.80		
Céruse pour joints			0.65		en pierres.
Chaînes diverses sans crochets ni pitons	fer		1.05		
» » » »	fer, F.		1		avec étançons.
» de sûreté avec crochets et pitons	fer	10	1.10		
» à la Vaucanson	fer		1.50		
Chaînettes p. ridelles, pitons, chevilles, etc.	fer		1.50		
Chaises pendantes pour transmission	F.	25	0.42		
» » » avec coussinets.	F., br.	30	1.45		
Chanvre pour joints			1.15		
Chapelles avec robinets d'entrée d'eau	br.	20	2.70		brutes.
» » » » et accessoires.	br.	25	4.50		
» ordinaires	br.	4	2.70		brutes.
Chapes et tiges de suspension de machines Crampton	fer	10	2.25		avec les ressorts
Charbon de forge			2.50		
Charnières de caisses et tenders	fer			2	
» de lanternes	br.			1	
» de tabliers de tenders	fer	4.500	1.80		
» pour voitures	br.	0.560	3.40	1.75	
» »	fer	0.800		2	
» »	fer	0.300		1.50	
» diverses	fer	1.200	2.50		
Chasse-boulons	fer, A.			2.50	
» clavettes	fer, A.			1.75	
» clous	fer, A.			0.60	
» goupilles	fer, A.			1.25	
» pointes à T.	fer, A.			1.75	
Chaudières et accessoires p. machines fixes.	T.		0.60		d'occasion.
» » » »	T.		0.80		neuves.
» (robinets pour) » »	F., br.		4.80		
» (tuyaux pour) » »	C.		4		
Cheminées pour machines avec capuchon.	T.	125	1.80		
Chevaux alimentaires p. mach. locomotives.	fer, F., br.			800	
Chevilles pour moraillons »	fer	0.250	1.50	0.35	
Chèvres {	fer		1.10		monté.
Chèvres {	B.		2.50		monté, le mètre cube
Chiffons de vieux drap pour nettoyage			1.50		
» » linge »			0.60		
» » » de couleur			0.37		
Ciels de foyers de machines	C.	135	2.75		
Cisailles bancales pour ferblantiers	fer, A.			9	
» à main cintrées	fer, A.			8	
» » droites	fer, A.			6	
Ciseaux ordinaires pour selliers	fer, A.			6	
Clavetages de petites têtes de billes	fer	2	6		trempés.
Clavettes fendues petites	fer			0.25	
» pour calage des roues	A.	1	2		dressées.
Clefs anglaises assorties de 20 à 30 centim.	fer			6	
» à fourche de 3 à 6 centim. d'ouverture.	fer			5	
» à douille et à œil pour vérins et pour robinets	fer	1.500	3.60		
» pour robinets réchauffeurs	br.	1.750	2.70		brutes.
» » d'introduction	br.	3.500	2.70		»
» » de vidange	br.	4	2.70		»
» » graisseurs	br.	0.360	2.70		»
» » purgeurs	br.	0.700	2.70		»
» » de niveau d'eau	br.	0.300	2.70		»
» » de prise d'eau	br.	4	2.70		»

DÉSIGNATION DES OBJETS.	NATURE.	POIDS.	PRIX.	VALEUR.	OBSERVATIONS.
		Kil.	Fr.	Fr.	
Clefs pour serrures de wagons à bagages.	fer			1,90	
Coffres à outils placés sur la caisse à eau du tender	T.	40	1.20		
Coins pour rayons de roues	B.			0.06	
» » »	fer	0,285	0.50		
» de serrage de boîtes à graisse de mach.	fer	6	1.75		
» à souder p. bandages de roues de mach.	fer	6	0.72		avec les bandages.
» » » » wagons.	fer	4	0.65		» »
Coke			0.03		
Colliers d'excentriques	br.	32	4.25		
» »	br.	36	2.70		bruts.
» de tuyaux d'échappement	fer			2	
Compas d'épaisseur à quart de cercle de 0^m,200	fer			4	
» à pointes de 0^m,20	fer			2.25	pointes trempées.
Compteurs pour les parcours des machines				120	à six chiffres.
Cônes de transmission	F.	50	1.50		
Contre-coussinets de boîtes à graisse de mach.	F.	15	0,42		bruts.
» » » » tenders.	F.	10	0,42		bruts.
Contre-plaques de chaises pendantes	fer	15	0.45		avec les chaises.
Contre-poids d'arbres de relevage	F.	40	0.28		bruts.
» p. roues de mach. à voyageurs.	F.	35	0,28		»
» » » à marchandises.	F.	18	0,28		»
Contre-tampons pour arrière de tenders.	F.	32	0,28		»
Corbeaux pour fixer les hottes des forges.	F.	20	0,28		»
Corde à bâches			1.50		
» molle pour nettoyeurs			1,05		
Cornières cylindriques p. chaudières de mach.	fer	80	2		
Corps de pompes pour machines	F.	60	0.45		bruts.
» » »	F.	55	1		finis.
» de robinets d'épreuve	br.	1.300	2,70		bruts.
» » graisseurs	br.	3	2,70		»
» » d'introduction	br.	10	2,70		»
» » de niveau d'eau	br.	0.250	2,70		»
» » purgeurs	br.	1.700	2,70		»
» » réchauffeurs	br.	5	2.70		»
» » de vidange	br.	6	2.70		»
» de rotules	br.	11	2.70		»
Coulisseaux de glissières de piston	F.	9	0.45		»
» de secteurs de distribution	fer	0.750	1		»
» » »	br.	0.750	2.70		»
» » »	F. mall.	0.750	1.80		»
Courroies simples de 0^m,08 de largeur	cuir		2.50		au mètre courant.
» doubles de 0^m,12 »	cuir		7		»
Coussinets de transmission	br.	1.600	2 70		bruts.
» de boîtes à graisse de wag. de 0^m,125.	br.	1.500	2.70		»
» » » » 0^m,125.	br.	1.400	3,25		finis.
» » » » 0^m,200.	br.	4.500	2.70		bruts.
» » » » 0^m,200	br.	4.200	3,25		finis.
» » » machines	br.	12.500	2.70		bruts.
» » » tenders	br.	7.500	2,70		bruts.
» de grosses têtes de bielles motrices.	br.	11	2.70		la paire, essieux droits, bruts.
» » » » »	br.	25	2.70		la paire, essieux coudés, bruts.
» petites » » »	br.	5	2 70		la paire, bruts.
» grosses » » d'accouplem.	br.	8	2.70		» »
» petites » » »	br.	4.500	2.70		» »
» de supports de guides carrés de tiges de tiroirs	br.	5	2,70		» »
Couvercles de cylindres	F.	60	0.40		bruts.
» de boîtes à graisse de machines.	T.			1.25	
» » » tenders.	T.			1.25	
» » » wagons.	T.			1	
» » » »	F.	1.750	0.80		bruts.
» de graisseurs	fer			0.60	

DÉSIGNATION DES OBJETS.	NATURE.	POIDS.	PRIX.	VALEUR.	OBSERVATIONS.
		Kil.	Fr.	Fr.	
Couvercles de boîtes de tiroirs.	F.	60	0.40		bruts.
Crémaillères de cric de frein.	fer	7.500	2		trempées.
Crics de freins de tenders.	fer, T.	30	3		
» » wagons.	fer, T.	20	3	60	
» ordinaire à double noix de 0m,800 force 3,000 kil.				60	
» » » » 0m,800 » 5,000 kil.				80	
» » » » 0m,500 » 2,000 kil.				31	
» pour roues de wagons.				80	
Crochets de graisseurs				1.75	emmanchés.
» de traction de machines.	fer	10	2		
» » de tenders et wagons à voyageurs.	fer	22	1.75		
» » wagons à marchandises.	fer	7.500	1.50		
Cuivre rouge en feuilles.			2.60		
» » » avec renflement.			3		
Culottes de distribution.	F.	40	1.80		
» d'échappement.	F.	40	1.80		
» »	L.	30	5		
Cuvettes de soupapes.	br.	28	3.70		
Cylindres complets.	F.	800	1.20		
» pour segments de pistons.	F.		0.60		bruts.
D					
Déchet de coton.			0.60		
Dents pour roues d'engrenages de 100/80/25.	B.			0.25	brutes.
Dessous de boîtes à graisse de wag. pour fusées de 0m,125.	F.	1.500	0.32		bruts.
» » » » » 0m,200.	F.	2,500	0.32		»
Dessous de boîtes à boulets.	br.	4.250	2.70		»
Devanture de portes de fours.	F.	186	0.32		»
Douves pour enveloppes de chaudières de 0m,050 de largeur.	B.		0.17		au mètre carré.
E					
Écrous pour boulons de 0m,010 à 0m,015. .	fer		1.50		bruts.
» » 0m,018.	fer		1.40		»
» » 0m,020 et au-dessus.	fer		1.30		»
Emery.			0.85		en poudre.
Engrenages pour chèvres à lever les machines.	F.	400	0.42		bruts.
Entonnoirs de rotules.	br.	7.750	2.70		»
Entretoises de foyer.	C.	0.600	3.50		finies.
» de plaques de garde de machines ou tenders.	fer	13	1.80		bouts de 0m.80.
» » » wagons. . .	fer	12.500	1.10		
» » avec contre-fiches.	fer	17.500	1.10		
» de secteurs de distribution. . .	br.	1.750	2.70		brutes.
Enveloppes pour engrenages de tours. . . .	T.	15	1.20		
Épinglettes pour visiteurs.	fer			0.90	
Équerres d'ajusteurs.	fer			1.20	
» diverses pour wagons.	fer	1.500	1.65		
» » »	fer	4.250	1.40		
» à pitons (petites).	fer	0.250	3		
Essieux moteurs coudés pour machines. . .	fer	450	3.50		
» » droits »	fer	450	0.81		bruts.
» de support » »	fer	300	0.81		»
» de tenders	fer	200	0.69		»
» de wagons	fer	130	0.58		»
» de tricycles.	fer	7.500	1.75		

DÉSIGNATION DES OBJETS.	NATURE.	POIDS.	PRIX.	VALEUR.	OBSERVATIONS.
		Kil.	Fr.	Fr.	
Essieux (vieux)	fer		0.25		
F					
Faux-tampons pour wagons	F.	40	0.42		bruts.
Fer extra martelé			0.43		
» laminé pour barreaux de grille			0.26		
» cornière-corroyé			0.42		
» feuillard rouverin			0.41		
» laminé ordinaire			0.28		
» corroyé pour boulons, rivets, etc.			0.47		
» vieux			0.15		
Fers à souder pour ferblantiers	C., fer	2		2	emmanchés.
Ferrures pour chèvres à lever les machines	fer	210	1.10		la garniture.
» pour freins de wagons	fer	300	1.75		»
» de tréteaux	fer	20	1		»
» de tricycles	fer	15	1.50		»
» de wagons	fer	500	1.40		sans les roues, les ressorts, les plaques de garde, les portes.
» de wagons de service {	fer	50	1.20		
	F.	290	0.60		
Feutre pour couverture de machines				2	la feuille de 1m/0.60.
Fil d'acier fondu		5		5	la botte de 5 kil.
» de fer clair de 1 millim.		5		4.70	»
» » » 2 »		5		4	»
» » » 3 »		5		3.50	»
» » » 7 »		5		3.20	»
» » étamé 3 »		5		1.50	»
» » ordinaire de 3 à 10 millim.		5	0.70	3.50	»
» » recuit de 1 à 2 millim.		5	0.85	4.25	»
» de laiton			2.30		
Filières pour boulons de 12 à 15 millim.	fer, A.			70	
Fontaines pour tours à roues	C.	3.750	4		
Fonte ordinaire (pièces de)			0.42		brute.
» vieille			0.12		
Fourches d'excentriques	fer	20	4		trempées.
Foyers de machines	C.	800	4		
Freins de tenders	fer	350	1.50		
» wagons à coulisses dressées	fer	325	1.75		finis.
G					
Garde-roues p. roues motrices à voyageurs	T.	50	1.10		
Glissières de plaques de garde de machines	F.	17	0.41		brutes.
» » » de tenders	F.	17	0.41		»
» de sabots de freins	fer	3.500	1.75		
» de têtes de pistons simples	F.	7.250	0.50		
» » » doubles	A.	40	2.25		
Godets pour garniture de timbres	T.			0.60	
Goujons tournés	fer	0.400	1.40		
Goupilles doubles en fer demi-rond de 120/10.	fer		8	0.10	
» » » » 55/5.			1.60	0.016	
Graisse jaune			0.50		
Graisseurs de glissières	br.	1	3		
Gravure de plaques portant le nom des machines			0.20		à la lettre.
Griffes d'arrêt de freins	fer	4	1.75		trempées.
Grues de manœuvre des roues	fer, F.	2200	1.05		
Guides de crochets de traction de tenders	F.	10	0.32		bruts.
» carrés de tiges de tiroirs de mach. à voyageurs	fer	17	5		

DÉSIGNATION DES OBJETS.	NATURE.	POIDS.	PRIX.	VALEUR.	OBSERVATIONS.
		Kil.	Fr.	Fr.	
Guides carrés de tiges de tiroirs de mach. à marchandises.	fer	24	5		
» de crochets de traction pour wagons à voyageurs.	F.	1.600	0.32		bruts.
» de tiges de tampons. » »	F.	5	0.32		»
H					
Harpons pour wagons.	fer	0.750	2		
Heurtoirs de portes roulantes de wagons.	fer	0.500		1	
J					
Jeu de chiffres de 4 millim.				8	
» » 6 »				10	
» » 8 »				14	
» » 10 »				16	
» de lettres de 4 »				25	
» » 8 »				36	
L					
Lames de petites cisailles.	A.	4	6		
» grosses »	A.	16	6		
Lanternes à boulets.	br.	5.500	2.70		brutes.
Leviers de changement de marche.	fer	13	5.50		
Levier pour manœuvrer les roues.	fer, B.			8	
» de soupapes.	fer	5	6		
Limes d'Allemagne des *une*.	A.			2.10	
» » *deux*.	A.			1.30	
» plates, demi-rondes et bâtardes de 0m,12.	A.			0.35	
» » » » 0m,15.				0.55	
» » » » 0m,20.				0.80	
» » » » 0m,25.				1.25	
» » » » 0m,33.				2.25	
» » » » 0m,40.				3.75	
Limes plates, demi-rondes et demi-douces de 0m,12.	A.			0.45	
» » » » » 0m,15.	A.			0.60	
» » » » » 0m,20.	A.			0.90	
» » » » » 0m,25.	A.			1.40	
» » » » » 0m,33.	A.			2.50	
» » » » » 0m,40.	A.			4.25	
» » » » douces 0m,12.	A.			0.50	
» » » » » 0m,15.	A.			0.65	
» » » » » 0m,20.	A.			1	
» » » » » 0m,25.	A.			1.60	
» » » » » 0m,33.	A.			2.80	
» » » » » 0m,40.	A.			4.65	
Longerons.	fer		1.40		bruts.
M					
Mailles de tendeurs de wagons.	fer	3.300	1.25		
Maillets de chaudronniers.	B.			0.25	
» de ferblantier.	B.			0.20	
» de menuisier.	B.			0.40	
Mains de choc de tenders et wagons.	F.	4.500	0.32		brutes.
» de suspension de voitures à voyageurs.	fer	4.500	3.25		
» » de wagons à marchand.	fer	6	1.50		avec menottes et goujons.
» » de tenders	fer	6	2		

DÉSIGNATION DES OBJETS.	NATURE.	POIDS.	PRIX.	VALEUR.	OBSERVATIONS.
		Kil.	Fr.	Fr.	
Manches de limes	B.			0.06	
» de marteau à devant	B.			0.75	
» » à main	B.			0.25	
» » rivoirs	B.			0.20	
» pelles de $1^m,500$	B.			0.40	
» à balais	B.			0.12	
» de tranches	B.			0.60	
Manchons de transmission	F.	30	0.32		bruts.
Mandrins à cintrer les bandages de $1^m,330$	F.	934	0.80		finis.
» pour supports de marchepieds	F.	100	0.32		bruts.
Manivelles de robinets de retenue	fer, B.			2.75	
» » réchauffeurs	fer, B.			1.25	
» » d'épreuve	fer, B.			1	
» » de niveau d'eau	fer, B.			0.75	
Manomètres pour machines				45	
» à eau pour conduite de vent				22	
Marbre à dresser de $2^m,500$ sur $0^m,700$	F.	500	0.40		brut.
» » roulant	F.	2250	0.40		»
» » (rabotage de)			50		au mètre carré.
Marchepied de tenders	fer	13	2.50		
Marteaux à devant	fer, A.	6.500	4.25		
» à main	fer, A.			4.50	
» rivoirs	fer, A.	1 250		2	
» à emboutir	fer, A.	0.650		2.60	
» à planer	fer, A.	0.625		2	
» à chanfriner	fer, A.	0.750		2.25	
» à garnir pour chaudronniers	fer, A.	0.500		2.25	
» de martinet	fer, A.	125	3.75		
» de pilon	F.	500	0.32		
Masques de régulateurs	C.	2.750	4.75		
Masses carrées	fer	6	1.60		
» rondes	fer	5	1.60		
Massettes pour montage des machines	C.	3	3.75		
Mèches anglaises de $0^m,160$ de longueur et 30 millim. de largeur	A.			2.50	
» à cuillers de $0^m,160$ sur 10 millim.	A.			0.325	
» » coniques de $0^m,200$ sur 12 millim.	A.			0.95	
Menottes de suspension de wagons à march.	fer	1.250	1.25		
Meules de $1^m,10$ sur $0^m,18$				29	
» $2^m,50$ sur $0^m,33$				400	
Minium pour joints				0.65	
Modification de ressorts (main-d'œuvre p.)			0.50		
» » (acier ordinaire p.)			1.08		
» » (acier fondu p.)			1.30		
Monte-ressorts pour traction de wagons à marchandises	fer	10	1.80		
» » » à voyageurs	fer	20	1.80		
Moraillons de coffres à outils	fer	0.600		1.20	
» wagons	fer	2	1.80		
Mordaches	C.	0.450	3.10		
»	plomb.	1.250	1		
Mouvement d'échappement avec volant	fer, B.	6	7.50		
N					
Niveau d'eau à bulle d'air				6.25	gravé.
» » pour machines	br.	31	2.70		bruts.
» » »	br.	11.500	13	150	
» » » (corps de)	br.	10	2.70		bruts.
P					
Paire de roues motrices de $2^m,100$	fer	3000	2.75		forgées.
» » » à voyageurs	fer, F.	2000	1.20		

DÉSIGNATION DES OBJETS.	NATURE.	POIDS.	PRIX.	VALEUR.	OBSERVATIONS.
		Kil.	Fr.	Fr.	
» » de machines à marchandises.	fer, F.	1550	1.20		
» » de support p. mach. à voyag.	fer, F.	1050	1.20		
» » de tenders.	fer, F.	1050	1.10		
» » de wagons.	fer, F.	650	1		
» » »	fer	575		675	forgées.
Palettes de freins à main.	fer	8	1.30		
Paniers de tenders.	C.	18	3.75		
Papier émeri.				0.05	à la feuille.
» de verre.				0.035	»
Pignons de grues et de tours.	F.	15	0.40		bruts.
» de commande des crics de freins. .	fer	1.500	5		trempés.
Pinces à main.	fer, A.	0.120		1.40	
» servant de leviers.	fer	12	0.70		
Pistons complets avec tiges.	fer, F.	85	2.50		
Pitons pour anneaux de bâchage.	fer	0.450	1 20		
» » » à branches.	fer	0.120		0.15	
» divers.	fer	1	1.20		
» de moraillons avec anneau.	fer			1.25	
» à embase.	fer	0.600	1.50		
Planches de sapin de 0m,22 sur 0m,05. . .	sapin		0.80		au mètre courant.
Plaques de battement de portes.	T.	0.115	2		
» de buttée des tampons de tender sur la machine.	T.	13.500	1.20		
» de chaînes de sûreté de wagons. . .	T.	0.750	1		
» » » »	F.	0.550	0.32		brutes.
» de garde de wagons.	T.	22	1		
» tubulaires de boîtes à feu.	C.	275	3		
» » » à fumée. . . .	T.	200	0.74		
Plateaux de cylindres.	F.	65	0.40		bruts.
» extrêmes de boîtes à tiroirs. . . .	F.	40	0.40		»
» latéraux » »	F.	65	0.40		»
» de pistons.	F.	25	0.40		»
Plomb (vieux).			0.50		
Plongeurs de pompes alimentaires.	F.	16	0.80		bruts.
» » »	fer	20	3.50		
» de rotules.	br.	7.250	2.70		bruts.
Poignées de wagons à bagages.	fer	0.500	2		
» de tiroirs d'établis.	fer			1.50	
Poinçon portant le mot type de 4 millim. . .	A.			2	trempé.
» » » » 8 millim. . .	A.			3	
Pointes de 20 millim. de circonf. et de 100 de long.	fer		0.47		
» 17 » » 50 »	fer		0.56		
» 16 » » 40 »	fer		0.59		
» 13 » » 40 »	fer		0.80		
» 10 » » 20 »	fer		0.90		
» 8 » » 20 »	fer		1.10		
» 5 » » 15 »	fer		2		
» à tracer.	A.			1.15	
Pointeaux.	A.	0.120		0.60	
Poires de tendeurs.	F.	1.500	0.32		brutes.
Pommes de rampes.	br.	0.750	2.70		»
Pompes alimentaires pour machines. . . .	F. br.	100	2.75		avec chapelles.
» » »	br.	60	4.50		»
» » » (corps de).	F.	70	0.40		brutes.
Ponce.			0.60		
Ponts roulants à deux voies pour chèvres roulantes à lever les machines et les tenders.	B.	2	2.50		au stère.
	fer	3000	1.10		
Porte-disque.	F.	3	0.32		brutes.
Porte-chapeaux.	fer	0.225	1.80		
Porte-lanternes.	fer	1.500	3.20		
Porte-sabots de freins de tenders.	fer	9	1.50		
Potée d'émeri.			1		
» d'étain.			4		
Poulies d'excentrique doubles.	F.	50	0.40		brutes.

DÉSIGNATION DES OBJETS.	NATURE.	POIDS.	PRIX.	VALEUR.	OBSERVATIONS.
		Kil.	Fr.	Fr.	
Poulies d'excentrique doubles.	F.	48	1.75		finies.
» de transmission de 0m,400.	F.	24	0.32		brutes.
» » 0m,800.	F.	75	1.50		finies.
Presse-étoupe de tige de piston.	br.	8			
» » » tiroirs.	br.	4	2.70		bruts.
» » de plateau d'avant de boîte à tiroirs.	br.	3	5.50		finis.
» » plongeurs de pompes en fonte.	br.	10			
» » » » en fer. .	br.	5.500			
Prolonges pour attelage.	fer		1.20		
R					
Rabotage et dressage des marbres.			50		au mètre carré.
Raccord de niveau d'eau.	br.	1.800	2.70		brut.
» de tuyaux et de robinets de refoul.	br.	5	2.70		»
» » et de chapelles »	br.	6.500	2.70		»
» » » d'aspirat.	br.	5.500	2.70		»
» » d'aspiration et de rotules.	br.	6.500	2.70		»
» de robinets d'épreuve.	br.			3.50	finis.
Racloir de menuisier.				0.80	emmanché.
Rails (vieux).	fer		0.12		
Recouvrements de joints de portières. . .	L.	0.800	3.50		le mètre courant, bruts.
Régulateurs {	F.	75	0.40		bruts.
Régulateurs {	F.	70	0.90		alésés, rabotés.
Ressorts pour châssis de baies de voitures. .	A.			0.07.5	
» de choc et de traction de tender. .	A.	95	1.70		
» » » de voitures.	A.	65	1 70		
» presse-étouppe.	A.			0.60	
» châssis de tiroirs.	A.			5	
» à centrer les pistons.	A.			1	
» de segments de pistons.	A.			2	
» de suspension de machines. . . .	A.	100	1.70		
» » tenders.	A.	60	1.70		
» » wagons à voyageurs.	A.	50	1.70		
» » » à marchand.	A.	25	1.70		
» de traction » »	A.	20	1.70		
» de tendeurs d'attelage de tenders.	A.	25	1.70		
Rivets de 20 à 23/40 et au-dessus.	fer		0.56		
» 18 et 19/40 »	fer		0,62		
» 14 à 17/40 »	fer		0,82		
» 10 à 12/25 »	fer		0.94		
» 9/20 »	fer		1.16		
Robinets de conduite de vent pour forge. .	br.	16	4 50		finis.
» réchauffeurs simples.	br.	7.500	5		»
» » à double boisseau.	br.	12.500	5		»
» d'introduction.	br.	12.500	4.50		»
» de vidange.	fer	8	4.50		»
» graisseurs.	br.	3 500	5	18	»
» purgeurs.	br.	2.500		15	»
» d'épreuve.	br.	2,500	5	12	»
» de niveau d'eau de machines.	br.	0.300		4.50	»
» » » de tender. . .	br.	0.550		5	»
» de manomètre.	br.	0.400		4.50	»
» de prise d'eau de tender. . . .	br.	13,500	4.75		»
» de fontaine p. tours à roues. .	br.	0.300		5	»
Ronds de suspension de voitures à voyageurs.	cuir			4.50	
» » de wagons à marchandises.	fer	1.250	1		
Rondelles en caoutchouc.			16.60		
» de 60mill.,3 p. boulons de 30mill.	fer		1.50	0.12.5	
» 50 3 » 25	fer		1.50	0.7	
» 40 3 » 20	fer		1.50	0.5	
» 30 2 » 15	fer		1.50	0,0175	
» 25 2 » 12	fer		1,50	0,01	

DÉSIGNATION DES OBJETS.	NATURE.	POIDS.	PRIX.	VALEUR.	OBSERVATIONS.
		Kil.	Fr.	Fr.	
Rotules complètes pour machines.	br.	21	4.75		finies.
» » pour tenders.	br.	26	4.75		»
Roues d'engrenage pour machines outils.	F.		0.85		»
» » »	F.		0.40		brutes.
» » taillées à la machine.	F.	9.300	4.50		finies.
» à rochets p. grues de levage des mach.	F.	75	0.40		brutes.
» de tricycles et de diables.	F.	6	0.32		»
» de wagons de service.	F.	80	0.32		»
Roues montées motrices à voyageurs, moyeux en fonte, à rayons forgés.	fer, F.	2100	1.50		
» » » » » à rayons en fer à T.	fer, F.	2100	1.30		
» » » » Crampton en fer forgé.	fer	3000	2.75		
Roues montées motrices à marchandises, moyeux en fonte, rayons en fer à T.	fer, F.	1650	1.80		
» » » à essieux coudés » »	fer, F.	2000	1.75		essieux coudés.
Roues montées de support à voyageurs, moyeux en fonte, rayons forgés.	fer, F.	1050	1.50		
» » » » » en fer à T.	fer, F.	1050	1.30		
» » » » Crampton en fer forgé.	fer	1650	2.35		
Roues montées de support à marchandises, moyeux en fonte, rayons en fer à T.	fer, F.	1550	1 30		
» » » » » »	fer, F.	1900	1.15		
Roues montées de tenders, moyeux en fonte, rayons en fer à T.	fer, F.	1000	1.30		
» » » » » rayons forgés.	fer, F.	1000	1.30		
» » de voitures et wagons, » »	fer, F.	650	1		

S

DÉSIGNATION DES OBJETS.	NATURE.	POIDS.	PRIX.	VALEUR.	OBSERVATIONS.
S pour chaînettes.	fer			0.10	
Sable blanc pour four à pudler.			10		au mètre cube.
Sabots de freins.	B.			1	
» guides de tiges de traction de tenders.	F.	32	0.32		bruts.
Seaux de visiteurs.	fer-blanc			3.25	
Secteurs de changement de marche ou de distribution.	fer	20	10		dressés, trempés.
» de manivelles de distribution.	br.	3.500	2.70		bruts.
Segments de pistons.	F.	12.500	1.63		découpés, tournés.
Seuils de portes.	fer	3	1.60		finis.
Siéges de boulets.	br.	1.500	2.70		bruts.
» de rotules.	br.	12	2.70		»
» de soupapes de tenders.	br.	12.500	2.70		»
Sifflets de machines.	br.	2.550	6	16	finis.
Soudure jaune de chaudronniers.			1.75		
Soupapes de prise d'eau de tenders.	br.	3	2.70		brutes.
Spatules pour graisseurs de wagons.				1.75	emmanchées.
Suie calcinée pour la trempe.			0.06		
Supports doubles d'arbres d'échappement.	br.	6	2.70		bruts.
» de vis d'échappement.	br.	3.500	2.70		»
» d'arbres de freins.	F.	14	0.32		»
» de balances.	br.	3	2.70		»
» de débrayages de machines outils.	F.	2.100	0.32		»
» de directrice de portes roulantes de wagons.	fer	0.500	2		finis.
» de galets » »	fer	1	1.80		»
» de guide-carré de distribution.	fer, br.	38	2.25		»
» » »	br.	20	2.70		bruts.
» de tablettes.	F.	3.500	0.32		»
» de main courante de machine.	fer	5	4		finis.
» de marchepieds de wagons.	fer	5	1.80		»
» de ponts roulants.	F.	32	0.32		bruts.
» de suspension de wagons à march.	fer	4	1.65		finis.
» de tringles de capuch. de cheminées.	br.	1.750	2.70		bruts.
» de wagons de services.	F.	7.500	0.32		»

DÉSIGNATION DES OBJETS.	NATURE.	POIDS.	PRIX.	VALEUR.	OBSERVATIONS.
T					
		Kil.	Fr.	Fr.	
Tables de boîte à tiroir	br.	12	2.70		brutes.
» à dresser portatives	F.	15	0.32		»
Tabliers d'avant de tenders	T.	17	0.90		finis.
Tambour pour grues	F.	60	0.32		bruts.
Tampons d'arrière de tenders	fer	45	1.80		finis.
» d'avant »	B.			3.50	»
» d'arrière »	B.			1.50	»
» d'avant de machines	F., caoutchouc			65	»
» » »	cuiv., fer			90	»
» de lavage »	br.	1.250	4		»
» » de dessous de foyer.	br.	0.300	4		»
» de tubes	fer	1	1		»
Tas à refouler les tampons	F.	125	0.32		bruts.
» à souder les bandages	F.	350	0.32		»
Tendeurs d'attelage de machines et tenders.	fer	30	3.75		finis.
» de wagons	fer	8.500	1.60		»
» doubles à ressorts pour wagons.	fer, A.	22		60	»
» d'arrière de tenders	fer	14.500	1.80		»
Terre grasse pour la trempe			10		au mètre cube.
Têtes de bielles	fer, br.		5.25		finies.
» de pistons	fer	33	4.50		»
» »	A.	33	10		»
» de régulateurs	F.	65	0.32		brutes.
Tiges carrées de tiroirs p. machin. à voyag.	fer	16	5.50		finies, trempées.
» » » » à marchandises.	fer	50	5.50		»
» et crochets de traction de tenders.	fer	45	1.50		finies.
» de pistons	A.	26	2		brutes.
» de soupapes avec manivelles p. tenders.	fer	5.500	4		finies.
» de suspension de machines	fer	9.500	2.60		»
» » de tenders	fer	3	2		»
» de tampons de voitures à voyageurs.	fer	45	1.80		»
Tirants d'excentriques	fer	30	4		finis, trempés.
Tiroirs de distribution	F.	25	0.50		bruts.
» de régulateur	br.	4	2.70		»
Tocs traîneurs pour tour à roues	F.	50	0.32		»
Toile métallique pour joints	fer		6		au mètre carré.
» » »	L.		13		»
Tôle de foyer		495	2		
» forgée de 1re qualité			0.70		
» pudlée ordinaire			0.58		
Tôles vieilles			0.12		
Tourne vis à main				1.20	
Transmission (pièces de)	fer, F.		1.45		finies.
» intermédiaires complètes.	fer, F.	150	1.45		»
Travers d'avant de machines	B.			60	»
» d'arrière »	B.			25	»
Tubes de 0m,010mill. pour niveau d'eau.	cristal			0.50	
» 0m,020 »	cristal			0.75	
» à fumée de 4m.	L.	12	2.42		
Tuyaux droits de prise de vapeur	C.	50	3.70		
» courbes d'admission » au cylindre.	C.	12	4.50		
» » d'échappement »	C.	15	4.50		
» de conduite intérieure de vapeur.	C.	21	5		
» d'aspiration	C.	20	3.70		
» de refoulement	C.	12.500	3.70		
» réchauffeurs	C.	5	3.70		
» d'épreuve et de manomètre	C.	1	7.50		
» de soufflet de forge avec soupape.	C.	5.600	4		
V					
Valves d'échappement	F.	4.500	0.32		brutes.

DÉSIGNATION DES OBJETS.	NATURE.	POIDS.	PRIX.	VALEUR.	OBSERVATIONS.
		Kil.	Fr.	Fr.	
Vilbrequins à l'estomac.				3.55	emmanchés.
» à l'angle avec engrenages. . .				8	»
Viroles de 40$^{mill.}$ à 44^{m},5.	fer, A.			0.32	finies.
» 45$^{mill.}$ à 49$^{mill.}$,5.	fer, A.			0.34	»
» 50$^{mill.}$ et au-dessus.	fer, A.			0.36	»
Vis de freins de wagons.	fer	7	3.10		»
» » tenders.	fer	15	2		»
» de clavettes de bielles.	fer			0.18	»
» de ressorts de piston.	fer	0.100	1.50		»
» » de presse-étoupe.	fer			0.12	»
» à tête carrée de 12/130.	fer			0.24	»
» » » 11/110.	fer			0.23	
» » » 10/70.	fer			0.14	
» » » 9/60.	fer			0.08	
» » fraisée, n°s 33/100.	fer		11.60		à la grosse.
» » » 29/100.	fer		9.80		»
» » » 29/50.	fer		4.50		»
» » » 26/100.	fer		6.90		»
» » » 26/50.	fer		2.66		»
» » » 23/50.	fer		1.88		»
» » » 20/45.	fer		1		»
» » » 20/20.	fer		0.62		»
» » » 17/17.	fer		0.42		»
» » ronde de 27/90.	fer		10		»
» » » 27/50.	fer		6.36		»
» » » 22/25.	fer		1.40		»
» » » 20/20.	fer		0.70		»
Vrilles assorties de 2 à 10$^{millim.}$				0.35	emmanchées.
Z					
Zinc en feuilles.			0,56		

Poids des Boulons de 10, 12, 15, 18, 20, 23, 25, 30, 35, 40, 45 et 50 millimètres de diamètre de centimètre en centimètre jusqu'à 50 centimètres de longueur totale, en prenant pour poids moyen total, de la tête et de l'écrou, le poids d'une tige de fer du diamètre du boulon et d'une longueur égale à cinq fois le diamètre.

SECTIONS 78, 113, 176, 254, 314, 415, 490, 615, 702, 959, 1256, 1584, 1960 MILLIMÈTRES.

LONGUEUR en centimètres	POIDS EN GRAMMES DES BOULONS D'UN DIAMÈTRE DE											
	10 mill.	12 mill.	15 mill.	18 mill.	20 mill.	23 mill.	25 mill.	30 mill.	35 mill.	40 mill.	45 mill.	50 mill.
	gr.	gr.	gr.	gr.	gr.	gr.	gr.	gr.	gr.	gr.	gr.	gr.
Tête et écrou.	30.4	52.2	102.6	178.3	245	361.4	478	823	1.310	1.960	2.770	3.824
1	36.5	61	116.35	198.1	269.5	393.8	516.2	877.8	1.385	2.058	2.893 1/3	3.977
2	42.6	69.8	130.10	217.9	294	426.2	554.4	932.6	1.460	2.156	3.016 2/3	4.130
3	48.7	78.6	143.85	237.7	318.5	458.6	592.6	987.4	1.535	2.254	3.140	4.283
4	54.8	87.4	157.60	257.5	343	491	630.8	1.042.2	1.610	2.352	3.263 1/3	4.436
5	60.9	96.2	171.35	277.3	367.5	523.4	669	1.097	1.685	2.450	3.386 2/3	4.589
6	67	105	185.1	297.1	392	555.8	707.2	1.151.8	1.760	2.548	3.510	4.742
7	73.1	113.8	198.85	316.9	416.5	588.2	745.4	1.206.6	1.835	2.646	3.633 1/3	4.895
8	79.2	122.6	212.6	336.7	441	620.6	783.6	1.261.4	1.910	2.744	3.756 2/3	5.048
9	85.3	131.4	226.35	356.5	465.5	653	821.8	1.316.2	1.985	2.842	3.880	5.201
10	91.4	140.2	240.1	376.3	490	685.4	860	1.371	2.060	2.940	4.003 1/3	5.354
11	97.5	149	253.85	396.1	514.5	717.8	898.2	1.425.8	2.135	3.038	4.126 2/3	5.507
12	103.6	157.8	267.6	415.9	539	750.2	936.4	1.480.6	2.210	3.136	4.250	5.660
13	109.7	166.6	281.35	435.7	563.5	782.6	974.6	1.535.4	2.285	3.234	4.373 1/3	5.813
14	115.8	175.4	295.1	455.5	588	815	1.012.8	1.590.2	2.360	3.332	4.496 2/3	5.966
15	121.9	184.2	308.85	475.3	612.5	847.4	1.051	1.645	2.435	3.430	4.620	6.119
16	128	193	322.6	495.1	637	879.8	1.089.2	1.699.8	2.510	3.528	4.743 1/3	6.272
17	134.1	201.8	336.35	514.9	661.5	912.2	1.127.4	1.754.6	2.585	3.626	4.866 2/3	6.425
18	140.2	210.6	350.1	534.7	686	944.6	1.165.6	1.809.4	2.660	3.724	4.990	6.578
19	146.3	219.4	363.85	554.5	710.5	977	1.203.8	1.864.2	2.735	3.822	5.113 1/3	6.731
20	152.4	228.2	377.6	574.3	735	1.009.4	1.242	1.919	2.810	3.920	5.236 2/3	6.884
21	158.5	237	391.35	594.1	759.5	1.041.8	1.280.2	1.973.8	2.885	4.018	5.360	7.037
22	164.6	245.8	405.1	613.9	784	1.074.2	1.318.4	2.028.6	2.960	4.116	5.483 1/3	7.190
23	170.7	254.6	418.85	633.7	808.5	1.106.6	1.356.6	2.083.4	3.035	4.214	5.606 2/3	7.343
24	176.8	263.4	432.6	653.5	833	1.139	1.394.8	2.138.2	3.110	4.312	5.730	7.496
25	182.9	272.2	446.35	673.3	857.5	1.171.4	1.433	2.193	3.185	4.410	5.853 1/3	7.649
26	189	281	460.1	693.1	882	1.203.8	1.471.2	2.247.8	3.260	4.508	5.976 2/3	7.802
27	195.1	289.8	473.85	712.9	906.5	1.236.2	1.509.4	2.302.6	3.335	4.606	6.100	7.955
28	201.2	298.7	487.6	732.7	931	1.268.6	1.547.6	2.357.4	3.410	4.704	6.223 1/3	8.108
29	207.3	307.4	501.35	752.5	955.5	1.301	1.585.8	2.412.2	3.485	4.802	6.346 2/3	8.261
30	213.4	316.2	515.1	772.3	980	1.333.4	1.624	2.467	3.560	4.900	6.470	8.414
31	219.5	325	528.85	792.1	1.004.5	1.365.8	1.662.2	2.521.8	3.635	4.998	6.593 1/3	8.567
32	225.6	333.8	542.6	811.9	1.029	1.398.2	1.700.4	2.576.6	3.710	5.096	6.716 2/3	8.720
33	231.7	342.6	556.35	831.7	1.053.5	1.430.6	1.738.6	2.631.4	3.785	5.194	6.840	8.873
34	237.8	351.4	570.1	851.5	1.078	1.463	1.776.8	2.686.2	3.860	5.292	6.963 1/3	9.026
35	243.9	360.2	583.85	871.3	1.102.5	1.495.4	1.815	2.741	3.935	5.390	7.086 2/3	9.179
36	250	369	597.6	891.1	1.127	1.527.8	1.853.2	2.795.8	4.010	5.488	7.210	9.332
37	256.1	377.8	611.35	910.9	1.151.5	1.560.2	1.891.4	2.850.6	4.085	5.586	7.333 1/3	9.485
38	262.2	386.6	625.1	930.7	1.176	1.592.6	1.929.6	2.905.4	4.160	5.684	7.456 2/3	9.638
39	268.3	395.4	638.85	950.5	1.200.5	1.625	1.967.8	2.960.2	4.235	5.782	7.580	9.791
40	274.4	404.2	652.6	970.3	1.225	1.657.4	2.006	3.015	4.310	5.880	7.703 1/3	9.944
41	280.5	413	666.35	990.1	1.249.5	1.689.8	2.044.2	3.069.8	4.385	5.978	7.826 2/3	10.097
42	286.6	421.8	680.1	1.009.9	1.274	1.722.2	2.082.4	3.124.6	4.460	6.076	7.950	10.250
43	292.7	430.6	693.85	1.029.7	1.298.5	1.754.6	2.120.6	3.179.4	4.535	6.174	8.073 1/3	10.403
44	298.8	439.4	707.60	1.049.5	1.323	1.787	2.158.8	3.234.2	4.610	6.272	8.196 2/3	10.556
45	304.9	448.2	721.35	1.069.3	1.347.5	1.819.4	2.197	3.289	4.685	6.370	8.320	10.709
46	311	457	735.1	1.089.1	1.372	1.851.8	2.235.2	3.343.8	4.760	6.468	8.443 1/3	10.862
47	317.1	465.8	748.85	1.108.9	1.396.5	1.884.2	2.273.4	3.398.6	4.835	6.566	8.566 2/3	11.015
48	323.2	474.6	762.6	1.128.7	1.421	1.916.6	2.311.6	3.453.4	4.910	6.664	8.690	11.168
49	329.3	483.4	776.35	1.148.5	1.445.5	1.949	2.349.8	3.508.2	4.985	6.762	8.813 1/3	11.321
50	335.4	492.2	790.1	1.168.3	1.470	1.981.4	2.388	3.563	5.060	6.860	8.936 2/3	11.474

POIDS DU MÈTRE COURANT DE FER ROND ET DE FER CARRÉ

DE 1 MILLIMÈTRE A 150 MILLIMÈTRES.

MILLIMÈTRES.	ROND.	CARRÉ.	MILLIMÈTRES.	ROND.	CARRÉ.	MILLIMÈTRES.	ROND.	CARRÉ.
	kilog.	kilog.		kilog.	kilog.		kilog.	kilog.
1	0.0061	0.0078	51	15.867	20.286	101	62.226	79.568
2	0.0244	0.031	52	16.496	21.092	102	6[illegible].468	81.144
3	0.055	0.070	53	17.134	21.910	103	64.715	82.750
4	0.098	0.124	54	17.792	22.744	104	65.984	84.368
5	0.152	0.200	55	18.452	23.595	105	67.252	85.995
6	0.220	0.281	56	19.128	24.460	106	68.536	87.640
7	0.299	0.382	57	19.818	25.344	107	69.839	89.302
8	0.390	0.499	58	20.520	26.240	108	71.168	90.976
9	0.494	0.632	59	21.234	27.152	109	72.474	92.320
10	0.610	0.780	60	21.960	28.080	110	73.800	94.400
11	0.738	0.944	61	22.698	29.024	111	75.159	96.102
12	0.878	1.123	62	23.448	29.976	112	76.512	97.840
13	1.031	1.318	63	24.210	30.960	113	77.891	99.458
14	1.196	1.529	64	24.992	31.948	114	79.272	101.376
15	1.372	1.755	65	25.772	32.955	115	80.672	103.155
16	1.562	1.997	66	26.572	33.976	116	82.080	104.960
17	1.763	2.254	67	27.383	35.014	117	83.502	106.776
18	1.976	2.528	68	28.208	36.068	118	84.936	108.608
19	2.202	2.816	69	29.043	37.134	119	86.382	110.456
20	2.440	3.140	70	29.892	38.280	120	87.800	112.300
21	2.690	3.440	71	30.750	39.320	121	89.310	114.200
22	2.952	3.775	72	31.624	40.436	122	90.702	116.096
23	3.227	4.126	73	32.525	41.565	123	92.106	118.008
24	3.512	4.493	74	33.404	42.712	124	93.792	119.904
25	3.812	4.875	75	34.308	43.875	125	95.312	121.875
26	4.124	5.273	76	35.234	45.086	126	96.840	123.840
27	4.448	5.686	77	36.167	46.240	127	98.387	125.806
28	4.782	6.115	78	37.112	47.456	128	99.968	127.792
29	5.130	6.560	79	38.070	48.680	129	101.511	129.798
30	5.490	7.020	80	39.040	49.920	130	103.100	131.800
31	5.862	7.494	81	40.032	51.174	131	104.682	133.856
32	6.248	7.987	82	40.936	52.448	132	106.288	135.904
33	6.643	8.494	83	42.023	53.734	133	107.902	137.974
34	7.052	9.017	84	43.040	55.040	134	109.532	140.056
35	7.472	9.555	85	44.072	56.355	135	111.132	142.155
36	7.906	10.109	86	45.146	57.688	136	112.834	144.272
37	8.311	10.678	87	46.170	59.040	137	114.591	146.398
38	8.808	11.264	88	47.232	60.400	138	116.172	148.536
39	9.278	11.864	89	48.318	61.784	139	117.858	150.704
40	9.760	12.480	90	49.392	63.180	140	119.600	152.900
41	10.234	13.234	91	50.514	64.592	141	121.275	155.070
42	10.760	13.760	92	51.632	66.016	142	123.000	157.280
43	11.279	14.422	93	52.758	67.446	143	124.739	159.502
44	11.808	15.100	94	53.900	68.920	144	126.544	161.744
45	12.348	15.795	95	55.052	70.375	145	128.252	163.995
46	12.908	16.504	96	56.192	71.888	146	130.100	166.260
47	13.475	17.230	97	57.395	73.390	147	131.814	168.552
48	14.048	17.972	98	58.584	74.912	148	133.616	170.848
49	14.646	18.728	99	59.787	76.446	149	135.426	173.168
50	15.248	19.500	100	61	78.	150	137.200	175.500

Poids du mètre courant de cornières de 0m.025 à 0m.150 de côtés, l'épaisseur moyenne étant de 0.12, 0.10 et 0.08 de la largeur.

NOTA. La section est égale au développement extérieur des côtés, c'est-à-dire à 2 fois la largeur, moins 1 1/4 fois l'épaisseur moyenne, multiplié par l'épaisseur moyenne.

	ÉPAISSEUR 0.12 de la largeur.		ÉPAISSEUR 0.10 de la largeur.		ÉPAISSEUR 0.08 de la largeur.	
LARGEUR.	ÉPAISSEUR.	POIDS.	ÉPAISSEUR.	POIDS.	ÉPAISSEUR.	POIDS.
mèt.	mèt.	kil.	mèt.	kil.	mèt.	kil.
0.025	0.003	1.100	0.002.5	0.930	0.002	0.760
0.030	0.003.6	1.584	0.003	1.334	0.002.4	1.096
0.040	0.004.8	2.840	0.004	2.400	0.003.2	1.944
0.050	0.006	4.400	0.005	3.720	0.004	3.040
0.060	0.007.2	6.400	0.006	5.400	0.004.8	4.375
0.070	0.008.4	8.704	0.007	7.336	0.005.6	5.960
0.075	0.009	9.900	0.007.5	8.370	0.006	6.840
0.080	0.009.6	11.368	0.008	9.600	0.006.4	7.781
0.090	0.010.8	14.213	0.009	12.168	0.007.2	9.848
0.100	0.012	17.600	0.010	14.880	0.008	12.160
0.110	0.013.2	21.490	0.011	18.128	0.008.8	14.920
0.120	0.014.4	25.582	0.012	21.600	0.009.6	17.510
0.125	0.015	27.500	0.012.5	23.250	0.010	19
0.130	0.015.6	30.140	0.013	25.272	0.010.4	20.550
0.140	0.016.8	33.610	0.014	29.400	0.011.2	23.744
0.150	0.018	39.600	0.015	33.380	0.012	27.360

Paris. — Imprimé par E. THUNOT ET Cᵉ, rue Racine, 26, près de l'Odéon.

www.ingramcontent.com/pod-product-compliance
Ingram Content Group UK Ltd.
Pitfield, Milton Keynes, MK11 3LW, UK
UKHW021010200726
13857UKWH00004B/1374